企业新型学徒制培训教材

U0268759

电工基础

人力资源社会保障部教材办公室　　组织编写

中国劳动社会保障出版社

图书在版编目（CIP）数据

电工基础／人力资源社会保障部教材办公室组织编写. --北京：中国劳动社会保障出版社，2019

企业新型学徒制培训教材

ISBN 978-7-5167-3880-1

Ⅰ.①电… Ⅱ.①人… Ⅲ.①电工-职业培训-教材 Ⅳ.①TM

中国版本图书馆 CIP 数据核字（2019）第 041060 号

中国劳动社会保障出版社出版发行

（北京市惠新东街 1 号 邮政编码：100029）

*

北京市艺辉印刷有限公司印刷装订 新华书店经销

787 毫米×1092 毫米 16 开本 19 印张 436 千字

2019 年 3 月第 1 版 2022 年 8 月第 6 次印刷

定价：**46.00 元**

读者服务部电话：（010）64929211/84209101/64921644

营销中心电话：（010）64962347

出版社网址：http://www.class.com.cn

前　言

为贯彻落实党的十九大精神，加快建设知识型、技能型、创新型劳动者大军，按照中共中央、国务院《新时期产业工人队伍建设改革方案》《关于推行终身职业技能培训制度的意见》有关要求，人力资源社会保障部、财政部印发了《关于全面推进企业新型学徒制的意见》，在全国范围内部署开展以"招工即招生、入企即入校、企校双师联合培养"为主要内容的企业新型学徒制工作。这是职业培训工作改革创新的新举措、新要求和新任务，对于促进产业转型升级和现代企业发展、扩大技能人才培养规模、创新中国特色技能人才培养模式、促进劳动者实现高质量就业等都具有重要的意义。

为配合企业新型学徒制工作的推行，人力资源社会保障部教材办公室组织相关行业企业和职业院校的专家，编写了系列全新的企业新型学徒制培训教材。

该系列教材紧贴国家职业技能标准和企业工作岗位技能要求，以培养符合企业岗位需求的中、高级技术工人为目标，契合企校双师带徒、工学交替的培训特点，遵循"企校双制、工学一体"的培养模式，突出体现了培训的针对性和有效性。

企业新型学徒制培训教材由三类教材组成，包括通用素质类、专业基础类和操作技能类。首批开发出版《入企必读》《职业素养》《工匠精神》《安全生产》《法律常识》等16种通用素质类教材和专业基础类教材。同时，统一制订新型学徒制培训指导计划（试行）和各教材培训大纲。在教材开发的同时，积极探索"互联网＋职业培训"培训模式，配套开发数字课程和教学资源，实现线上线下培训资源的有机衔接。

企业新型学徒制培训教材是技工院校、职业院校、职业培训机构、企业培训中心等教育培训机构和行业企业开展企业新型学徒制培训的重要教学规范和教学资源。

本教材由邱利军、卢小林编写，马冬梅审稿。教材在编写中得到北京市职业培训指导中心、北京电子科技职业学院、首钢技师学院的大力支持，在此表示衷心感谢。

企业新型学徒制培训教材编写是一项探索性工作，欢迎开展新型学徒制培训的相关企业、培训机构和培训学员在使用中提出宝贵意见，以臻完善。

人力资源社会保障部教材办公室

目　录

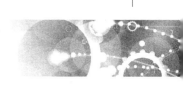

第 3 章
电工常用工具及
电工基本操作

**第6章
电动机与电气
基本控制电路**

目
录

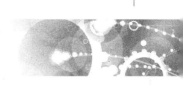

第 **1** 章

电工基础知识

　　本章主要介绍电工专业的基本概念、定律以及简单电路的连接、分析和计算方法。通过本章的学习应加深对本专业基础知识的了解，再通过实践，逐步掌握分析和解决电工实际问题的能力，不断提高电工专业的技术水平。

第 1 节

直 流 电 路

一、电路

1. 电路的组成

　　由电源、负载、开关经导线连接而形成的闭合回路，是电流所经之路，称为电路。图1—1所示为一简单电路。

　　电源是提供电能的装置，如各种电池、发电机等。其作用是将化学能、机械能等其他形式的能量转换为电能。

　　负载是消耗电能的设备，如电灯、电炉、电动机等。它们把电能转换为光能、热能、机械能等各种形式的能量。

　　导线和开关是电源和负载之间连接和控制必不可少的元件。将图1—1中的开关合上后，电流经过灯泡而使其发光。开关断开时，灯泡不亮，表明电流不再流过灯泡。开关闭合，电路电流是连续的，负载可正常工作的状态叫通路。开关断开或电路某处断开，电流消失，负载停止工作的状态叫断路（或开路）。当电源引出线不经负载而直接相连，电路中就会有很大的电流通过，引起导线发热，损坏绝缘，甚至烧毁电源，导致事故，这种状态叫作短路。

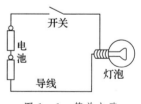

图 1—1　简单电路

　　在实际应用中都采用一些规定的图形符号来表示电路中的各种元件。用图形符号表示电路连接情况的图称为电路图。使用电路图形符号就可以把图1—1画成图1—2。

图 1—2　电路图

2. 电路的几个物理量

（1）电流。导体中的自由电子，在电场力的作用下做有规则的定向运动就形成了电流。电路中能量的传输和转换是靠电流来实现的。

1）电流的大小。为比较准确地衡量某一时刻电流的大小或强弱，引入电流这个物理量，表示符号为"I"。其值是沿着某一方向通过导体某一截面的电荷量 Δq 与通过时间 Δt 的比值。

$$I = \frac{\Delta q}{\Delta t}$$

为区别直流电流和变化的电流，直流电流用字母"I"表示，变化的电流用"i"表示。在国际单位制中，电流的基本单位是安培，简称"安"，用字母"A"表示。

电流的单位也可以用千安（kA）、毫安（mA）、微安（μA）表示。它们之间的换算关系是：

$$1\ kA = 10^3\ A$$
$$1\ \mu A = 10^{-3}\ mA = 10^{-6}\ A$$

2）电流的方向。习惯上规定以正电荷的移动方向作为电流的方向，而实际上导体中的电流是由带负电的电子在导体中移动而形成的。所以，规定的电流方向与电子实际移动的方向恰恰相反。但这样规定并不影响对电流的分析和测量以及对电磁现象的解释。

3）电流的种类。导体中的电流不仅可具有大小的变化，而且可具有方向的变化。大小和方向都不随时间而变化的电流称为恒定直流电流，如图 1—3a 所示。方向始终不变，大小随时间而变化的电流称为脉动直流电流，如图 1—3b 所示。大小和方向均随时间变化的电流称为交流电流。工业上普遍应用的交流电流是按正弦函数规律变化的，称为正弦交流电流，如图 1—3c 所示。非正弦交流电流，如图 1—3d 所示。

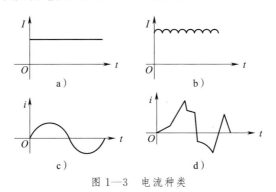

图 1—3　电流种类

a）恒定直流电流　b）脉动直流电流　c）正弦交流电流　d）非正弦交流电流

（2）电位和电压

1）电位。电场力将单位正电荷从电路中某一点移到参考点（零电位点）所做的功，称为该点电位。电路中不同位置的电位是不同的。其数值与参考点的选择紧密相关，所以，电位是一个相对的概念。通常在电力系统中以大地作为参考点，其电位定为零电位。

电位用字母"φ"表示，其单位是"伏特"（V）。

2）电压。电压是指电场中任意两点之间的电位差。它实际上是电场力将单位正电荷从

某一点移到另一点所做的功。电路中两点间的电压仅与这两点的位置有关，而与参考点的选择无关。

电压用字母"U"或"u"表示。电压的基本单位是伏特，简称"伏"，用字母"V"表示。电压的大小还可以用千伏（kV）、毫伏（mV）表示。电压单位之间的换算关系是：

$$1 \text{ kV} = 10^3 \text{ V}$$

$$1 \text{ mV} = 10^{-3} \text{ V}$$

（3）电动势。由其他形式的能量转换为电能所引起的电源正、负极之间的电位差，叫作电动势。电动势是在电源力的作用下，将单位正电荷从电源的负极移至正极所做的功。它是用来衡量电源本身建立电场并维持电场能力的一个物理量，通常用字母"E"或"e"表示，单位也是"伏特"，用字母"V"表示。

电源电压与电源电动势在概念上不能混淆。电压是指电路中任意两点之间的电位差，而电动势是指电源内部建立电位差的本领。

电压的正方向是由高电位指向低电位的方向，即电位降低的方向；电动势的正方向是由负极指向正极的方向，即电位升高的方向。电源电压与电源电动势的方向如图1—4所示。

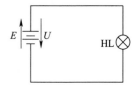

图1—4 电源电压与电源电动势的方向

（4）电阻、电阻率、电阻温度系数

1）电阻。电流在导体中通过时所受到的阻力称为电阻。电源内部对电荷移动产生的阻力称为内电阻，电源外部的导线及负载电阻称为外电阻。电阻常用字母"R"或"r"表示。其单位是欧姆，简称"欧"，用字母"Ω"表示。电阻的单位也可是千欧（kΩ）、兆欧（MΩ）。它们之间的换算关系是：

$$1 \text{ k}\Omega = 10^3 \text{ }\Omega$$

$$1 \text{ M}\Omega = 10^3 \text{ k}\Omega = 10^6 \text{ }\Omega$$

2）电阻率。常以某种导体长1 m，横截面积为1 mm²，在20℃时所具有的电阻值，作为该种导体的电阻率。电阻率用字母"ρ"表示，其单位为欧姆·毫米²/米（$\Omega \cdot \text{mm}^2/\text{m}$）。各种导体的电阻可用下式求得：

$$R = \rho \frac{l}{S}$$

式中　R——导体电阻，Ω；

　　　l——导体长度，m；

　　　S——导体截面积，mm²。

3）电阻率温度系数。导体的电阻除了取决于导体的几何尺寸和材料性质外，其大小还受温度的影响。我们把导体的温度每升高1℃时电阻率增大的百分数称为电阻率温度系数，通常用"α"表示。这样就能列出如下公式：

$$R_2 = R_1 + \alpha(t_2 - t_1)$$

式中　R_1——温度为t_1时的电阻值；

　　　R_2——温度为t_2时的电阻值。

各种常见材料电阻率和电阻率平均温度系数见表1—1。

表 1—1 　　　　　　　　　　　 电阻率和电阻率平均温度系数

材料名称	电阻率 ρ (20℃) / ($\Omega \cdot mm^2 \cdot m^{-1}$)	电阻率平均温度系数 α (0～100℃) /℃$^{-1}$
碳	10	$-0.000\ 5$
银	0.016 2	0.003 5
铜	0.017 5	0.004
铝	0.028 5	0.004 2
钨	0.054 8	0.005 2
铂	0.106	0.003 89
低碳钢	0.13	0.005 7
黄铜	0.07	0.002
锰铜	0.42	0.000 005
康铜	0.44	0.000 005
镍铬合金	1.08	0.000 13
铁镍铬合金	1.2	0.000 08
绝缘漆	$10^{11} \sim 10^{14}$	—
云母	$4 \times 10^{17} \sim 4 \times 10^{21}$	—
瓷	3×10^{18}	—

二、欧姆定律

欧姆定律就是用来说明电压、电流、电阻三者之间关系的定律。

1. 部分电路欧姆定律

部分电路欧姆定律是说明在某一段电路中，流过该段电路的电流与该电路两端的电压成正比，与这段电路的电阻成反比，如图 1—5 所示。其数学表达式为：

$$I = \frac{U}{R}$$

式中　I——流过电路的电流，A；

　　　U——电阻两端电压，V；

　　　R——电路中的电阻，Ω。

上式还可改写成 $U=IR$ 和 $R=\dfrac{U}{I}$ 两种形式。这样就可以很方便地从已知的两个量求出另一个未知量。

2. 全电路欧姆定律

全电路欧姆定律是用来说明当温度不变时，一个含有电源的闭合回路中，电动势、电流、电阻之间关系的基本定律。它表明在一个闭合回路中，电流与电源电动势成正比，与电路的电源内阻和外阻之和成反比，如图 1—6 所示。其数学表达式为：

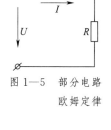

图 1—5 　部分电路
欧姆定律

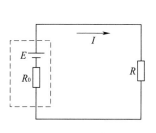

图 1—6 　全电路欧姆定律

第 1 章　电工基础知识

$$I = \frac{E}{R + R_0}$$

式中　I——回路中电流，A；

　　　E——电源的电动势，V；

　　　R_0——电源的内阻，Ω；

　　　R——外电路的电阻，Ω。

由上式得出：

$$E = I(R + R_0) = IR + IR_0$$

令 $IR = U$，$IR_0 = U_0$，则：

$$E = U + U_0 \quad 或 \quad U = E - U_0$$

式中　U——电源端电压，V；

　　　U_0——电源在电源内阻上的电压降，V。

在一般情况下，电源电动势 E 和内电阻 R_0 可以认为是不变的，且 R_0 很小。因此，外电阻 R 的变化是影响电路中电流变化的主要因素。

另外，当电路处于开路时，电路中电流等于零，此时电源两端电压 U 在数值上等于电源电动势 E，即 $U = E$。

当闭合回路处于工作状态时，回路中有电流通过（即电源处于带载状态）。此时电源两端电压 U 在数值上等于电源电动势 E 和电流在内阻上的压降 U_0 之差。

$$U = E - U_0$$

由此可见，含有电源的闭合回路，在工作状态时，电源两端电压比空载状态时要低。

例1—1　一个蓄电池与一个灯泡和开关用导线连接在一起。未合上开关时，测得电源的电动势为 12 V。当合上开关，电路工作时，测得电源端电压 $U = 11.5$ V，电路电流 $I = 0.5$ A。求该电源内阻 R_0。

解　已知 $E = 12$ V，$U = 11.5$ V，$I = 0.5$ A

将公式 $I = \dfrac{E}{R + R_0}$ 变换为 $R_0 = \dfrac{E - IR}{I}$，再代入 $IR = U$，可得 $R_0 = \dfrac{E - U}{I}$

$$R_0 = \frac{12 - 11.5}{0.5} = 1(\Omega)$$

三、电阻的连接

1. 电阻的串联

几个电阻依次相连，中间没有分支，只有一个电流通路的连接方式称为电阻的串联，如图1—7所示。

串联电路的基本特征如下。

（1）串联电路中的电流处处相等。

$$I_1 = I_2 = I$$

（2）串联电路两端的总电压等于各电阻上电压降之和。电流流过每个电阻时，在电阻上都要产生压降。

$$U = U_1 + U_2$$

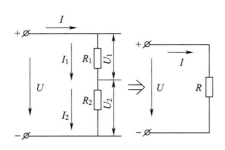

图 1—7　串联电路

（3）电阻串联后的总电阻（等效电阻）等于各个电阻阻值之和。

$$R = R_1 + R_2$$

（4）各电阻上的电压分配与其阻值成正比。即在串联电路中，电阻值大的分配到的电压高，也就是电阻上的电压降大；电阻值小的分配到的电压低。

$$U_1 = IR_1 = \frac{R_1}{R_1 + R_2}U$$

$$U_2 = IR_2 = \frac{R_2}{R_1 + R_2}U$$

2. 电阻的并联

将两个或两个以上电阻相应的两端连接在一起，使每个电阻承受同一个电压。这样的连接方式称为电阻的并联，如图 1—8 所示。

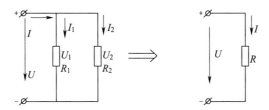

图 1—8　电阻的并联

并联电路的基本特征如下。

（1）电路中每个电阻两端电压都相等。

$$U_1 = U_2 = U$$

（2）电路中，总电流等于流过各电阻电流之和。

$$I = I_1 + I_2$$

（3）电阻并联后的总电阻 R（等效电阻）的倒数等于各分电阻倒数之和。

$$\frac{1}{R} = \frac{1}{R_1} + \frac{1}{R_2}$$

在实际计算只有两个电阻并联的总电阻时，上式可化为：

$$R = \frac{R_1 R_2}{R_1 + R_2}$$

（4）两个电阻并联的电路中各电阻上的电流是由总电流按电阻值的大小成反比的关系分配的。即电阻值大的分配到的电流小，电阻值小的分配到的电流大。可用下式表示：

第 **1** 章　电工基础知识

$$I_1 = \frac{R_2}{R_1 + R_2} I$$

$$I_2 = \frac{R_1}{R_1 + R_2} I$$

综上所述，可得出以下结论：

- 两个及两个以上电阻并联后的总电阻值比其中任何一个电阻值都小。
- 如果两个阻值相等的电阻并联，其总阻值等于其中一个电阻值的 1/2。
- 若两个阻值悬殊的电阻并联，其总阻值接近于小的电阻阻值。

3. 电阻的混联

在一个电路中，既有电阻的串联，又有电阻的并联，这类电路称为混联电路。图 1—9a 中，R_1 与 R_2 串联，然后和 R_3 并联，图 1—9b 中 R_3 和 R_4 并联后又与 R_1、R_2 串联，二者都是混联电路。

在计算混联电路时，常常先求出并联部分的等效电阻，把一个混联电路简化成一个比较简单的串联电路，然后再进行计算。

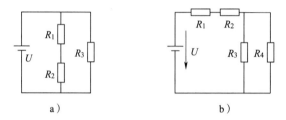

图 1—9　混联电路

例 1—2　试计算图 1—10 所示混联电路的等效电阻。

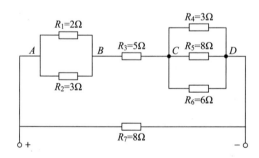

图 1—10　混联电路

解　先计算出 AB 段和 CD 段的并联等效电阻 R_{AB} 和 R_{CD}：

$$R_{AB} = \frac{R_1 R_2}{R_1 + R_2} = \frac{2 \times 3}{2 + 3} = 1.2 \ (\Omega)$$

$$R_{CD} = \frac{1}{\frac{1}{R_4} + \frac{1}{R_5} + \frac{1}{R_6}} = \frac{1}{\frac{1}{3} + \frac{1}{8} + \frac{1}{6}} = 1.6 \ (\Omega)$$

再按串联电路的原理求出 AD 段的总电阻：

$$R_{AD} = 1.2 + 5 + 1.6 = 7.8 \ (\Omega)$$

最后计算电路的总电阻 R：

$$R = \frac{R_{AD}R_7}{R_{AD} + R_7} = \frac{7.8 \times 8}{7.8 + 8} \approx 4 \ (\Omega)$$

四、电功率和电能

1. 电功率

电场力在单位时间内所做的功叫作电功率，简称功率，用字母"P"表示。其单位为"瓦"（W），常用的单位还有兆瓦（MW）、千瓦（kW）、毫瓦（mW）。它们的换算关系是：

$$1 \ \text{MW} = 10^3 \ \text{kW} = 10^6 \ \text{W} = 10^9 \ \text{mW}$$

在直流电路或纯电阻交流电路中，电功率等于电压与电流的乘积，即 $P = UI$。当用电设备两端的电压为 1 V，通过的电流为 1 A，则用电设备的功率就是 1 W。根据欧姆定律，电阻消耗的电功率还可以用下式表达：

$$P = UI = \frac{U^2}{R} = I^2R$$

上式表明，当电阻一定时，电阻上消耗的功率与其两端电压的平方成正比，或与通过电阻的电流的平方成正比。

例1—3　电灯泡额定电压为 220 V，分别求出 15 W、40 W、100 W 灯泡内钨丝的热态电阻。

解　由于
$$P = \frac{U^2}{R}$$

所以
$$R_{15} = \frac{U^2}{P_1} = \frac{220^2}{15} \approx 3\ 227 \ (\Omega)$$

$$R_{40} = \frac{U^2}{P_2} = \frac{220^2}{40} = 1\ 210 \ (\Omega)$$

$$R_{100} = \frac{U^2}{P_3} = \frac{220^2}{100} = 484 \ (\Omega)$$

例1—4　某一稳压电源输出端所接负载电阻为 100 Ω，输出电压为 6 V，该电阻消耗的功率是多少？应使用多大功率的电阻？

解　$P = \dfrac{U^2}{R} = \dfrac{6^2}{100} = 0.36 \ (\text{W})$

为防止电阻烧毁，一般取其计算功率的 2 倍左右，根据本题意可选 1 W、100 Ω 的电阻。

2. 电能

在电源的作用下，电流通过电气设备时，把电能转变为其他形式的能。电灯泡发光、电炉发热、电动机转动、扬声器发声分别表明电能通过电气设备转换为光能、热能、机械能、声能等，这些能量的传递和转换，证明电流做了功。那么具体来讲什么是电能呢？

在一段时间内，电流通过负载时，电源所做的功，称为电能。电能用字母"A"表示，其单位是焦耳，简称为"焦"，用字母"J"表示。电能的大小跟通过用电器具的电流大小及加在它们两端电压的大小和通电时间的长短成正比。用公式表示为：

$$A = Pt = UIt \quad \text{或} \quad A = I^2Rt$$

式中　A——电能，J；

　　　P——电功率，W；

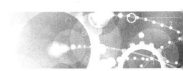

第 **1** 章　电工基础知识

I——电流，A；

U——电压，V；

t——时间，s；

R——电阻，Ω。

1 J＝1 W×1 s。在实际应用中，这一级单位显得过小，难以适用。故常以电量的形式表示电能的消耗，即以千瓦小时（kW·h）为单位。

例1—5 100 W电烙铁，每天使用2 h，求每月（按22天）耗电量。

解
$$A = Pt = 100 \times 2 \times 22$$
$$= 4\,400 \ (W \cdot h)$$
$$= 4.4 \ (kW \cdot h)$$

3. 电流的热效应

电流通过导体时，由于要克服导体中的电阻而做功，将其所消耗的电能转化为热能，从而使导体温度升高的现象，称为电流的热效应。

实验证明：电流通过导体所产生的热量（Q）与通过导体电流的平方（I^2）、导体电阻（R）以及通电时间（t）三者的乘积成正比。可以用以下关系式表示：
$$Q = I^2 Rt$$

式中　Q——导体产生的热量，J；

I——通过导体的电流，A；

R——导体电阻，Ω；

t——通电时间，s。

电流的热效应在生产和生活中应用很广，如电烙铁、电炉、熔丝等。但也有它不利的一面，如电气设备的导线都具有一定的电阻值。当电流通过时，必然会发热，促使电气设备温度升高。如果温升过高，会使其绝缘加速老化变质，甚至烧毁脱落，从而引起电气设备的漏电、短路，造成事故。所以在生产和生活中，安装、维修和使用电气设备时，应首先考虑其额定功率、额定电压及额定电流等参数，注意采取保护措施，如加装熔断器、热继电器、继电保护装置等，以确保安全用电。

五、基尔霍夫定律

基尔霍夫定律是用来说明电路中各支路电流之间及每个回路电压之间基本关系的定律，应用它可以求解电路中的未知量，是分析、计算任意电路的重要理论基础之一。基尔霍夫定律包括节点电流定律（又称第一定律）和回路电压定律（又称第二定律）。

1. 有关基尔霍夫定律的名词解释

（1）支路。指电路中的每一个分支，而且分支中的电流处处相等。如图1—11所示，R_1和E_1、R_2和E_2、R_3分别构成一条独立的支路。

（2）节点。电路中三条及三条以上支路的连接点称为节点。如图1—11所示电路中的A点和B点都是节点。

（3）回路。电路中任意一个闭合路径称为回路。如图1—11所示电路中的$ABCA$、$ADBCA$、$ADBA$都是回路。

2. 基尔霍夫节点电流定律

节点电流定律是用来说明电路上各电流之间关系的定律。对电路中的任意一个节点，在任一时刻流入节点的电流之和等于流出该节点的电流之和。如图1—12所示。数学表达式为：

$$\sum I_入 = \sum I_出$$
$$I_1 + I_4 = I_2 + I_3 + I_5 + I_6$$

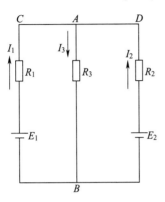

图1—11 复杂直流电路

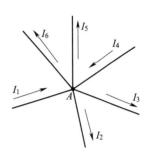

图1—12 节点电流

节点电流定律也可以表达为：设流入节点的电流为正值，流出的为负值，则电路中任何一个节点在任意时刻全部电流代数和为零。数学表达式为：

$$\sum I = 0$$

这说明电路中的任何一处的电流都是连续的，在节点上不会有电荷的累积，更不会自然生成。

3. 基尔霍夫回路电压定律

回路电压定律是用来说明在回路中各部分电压之间相互关系的定律。在任意一个闭合回路中，在任一时刻电动势（电位升）的代数和等于各电阻上电压（电位降）的代数和，即：

$$\sum E = \sum IR$$

回路电压定律也可以表达为：任意一个闭合回路中，在任一时刻全部电位升降的代数和为零，即：

$$\sum U = 0$$

如图1—13所示电路中，以左边的回路acdba为例，按顺时针方向绕行，所列回路方程式为：

$$E_1 - E_2 = I_1 R_1 - I_2 R_2$$

或

$$E_1 - E_2 - I_1 R_1 + I_2 R_2 = 0$$

六、电容器

1. 电容器和电容量

（1）电容器。电容器是存储电荷的元件。它的结构是两片金属导体中间以绝缘物质隔开。两片金属导体称为极板，中间

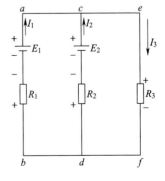

图1—13 复杂电路

绝缘物质称为电介质。它的图形符号和文字符号如图 1—14 所示。

（2）电容量。电容器接通电源后，在两极板上集聚的电荷量 Q 与电容器两端电压 U_C 的比值称为电容量，用符号 C 表示，即：

$$C = \frac{Q}{U_c}$$

式中　C——电容量，F；

　　　Q——电荷量，C；

　　　U_C——电压，V。

电容量的单位为法拉，简称为"法"，用字母"F"表示。

在实际应用中，法（F）这一单位太大，一般用微法（μF）或皮法（pF）作为单位。它们之间的关系为：

$$1\ F = 10^{6}\ \mu F = 10^{12}\ pF$$

2. 电容器的串联、并联

（1）电容器的串联。两个或两个以上的电容器依次相连，中间无分支的连接方式称为电容器的串联，如图 1—15 所示。

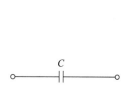

图 1—14　电容器图形和文字符号　　　　　　　图 1—15　电容器的串联

电容器串联的特点：

1）每个电容器上所带的电荷量相等，电容器串联后，总电荷量等于各电容器上所带电荷量。即：

$$Q = Q_1 = Q_2$$

2）电容器串联后两端的总电压等于各电容器上电压之和。即：

$$U = U_1 + U_2$$

3）电容器串联后的总电容值的倒数等于各分电容器电容值倒数之和。即：

$$\frac{1}{C} = \frac{1}{C_1} + \frac{1}{C_2}$$

由上式可见，电容器串联后，其总电容量是减小的。

（2）电容器的并联。将两个或两个以上电容器相应的两端接在同一电路的两点之间的连接方式称为电容器的并联，如图 1—16 所示。

电容器并联的特点：

1）每个电容器两端电压都相等，并等于所接电路两点之间电压。即：

$$U = U_1 = U_2$$

2）并联后总电荷量等于各并联电容器所带电荷量之和。即：

$$Q = Q_1 + Q_2$$

3）并联后总电容量等于各并联电容器电容量之和。即：

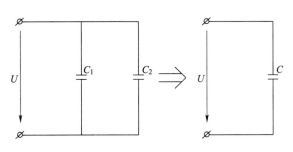

图1—16 电容器的并联

$$C = C_1 + C_2$$

3. 电容器的充、放电

如图1—17所示，电容器接通电源后，合上SA，在电源电场力的作用下，自由电子将会在电容器的极板上集聚而形成电流，电荷在极板上集聚使极板间产生电位差（电压），并储存了一定电场能量，这个过程称为电容器的充电。

如图1—18所示，如果把充好电的电容器与其他电气元件如电阻或电感线圈等通过开关SA接成闭合回路，由于电容器两端已有电压，回路中就产生了电流i，这时，电容器极板上的电荷会逐渐地释放，电容器上的两端电压也会逐渐降低，直至极板上的电荷释放完毕，电容器上的电压和电流等于零。这个过程称为电容器的放电。

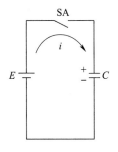

图1—17 电容器充电

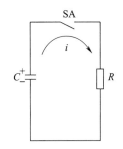

图1—18 电容器放电

在直流电路中，当电容器充电至其两端电压和电源电压相等时，电容器的充电电流为零，所以电容器有隔直流的作用。

当电容器接通交流电源时，由于交流电源电压的大小和方向是不断变化的，所以，当电容器两端电压低于电源电压时，电容器充电，当电容器两端电压高于电源电压时，电容器放电，电容器在交流电路中不断地充、放电，形成了"通过"电容器的交流，即电容器电流。但应注意的是这个电流不是直接通过电容器中绝缘介质所形成的电流。

第**1**章 电工基础知识

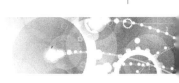

第 2 节

电 与 磁

一、磁的基本知识

电与磁是电学中的两个基本现象，彼此有着不可分割的联系。很多设备，如发电机、电动机、电工仪表、继电器、接触器、电磁铁等，都是基于"动电生磁、磁动生电"的电磁作用原理而制作的。也可以说有电流就有磁的现象，有磁性说明有电流存在，二者既相互联系又相互作用。

1. 磁铁的性质

把一个铁钉放在磁铁附近，铁钉会受到力的作用被磁铁吸引。磁铁吸铁的性质叫磁性。磁铁的磁性具有以下特征。

（1）磁铁某两端的吸引力最大处，称作磁极。把一块磁铁分割成任意小块，每小块仍具有两个性质不同的磁极。由此可见，独立的磁极是不存在的。

（2）两磁铁之间同磁极相斥，异磁极相吸。

（3）一个能转动的条形磁铁在静止时，一极总是指向地球的北方，称为磁铁的北极或 N 极；另一极总是指向地球的南方，称为磁铁的南极或 S 极。这是因为地球本身就具有磁极的缘故。利用这个性质我国最早发明了指南针。

2. 磁场及检测方法

通过实验证明，在磁体和载流导体周围存在着一个磁力能起作用的空间，称为磁场。磁场是以一种特殊形式存在的物质。人们不能用眼睛看到它，但是可以通过它的各种性质来发现它的存在。如把一个磁针放在通有电流的导体旁，如图 1—19 所示，磁针就会受到力的作用发生偏转；切断电流，磁针又恢复到原位；改变电流方向，则磁针的偏转方向也跟着改变。为使磁场形象化，人们用磁力线来表示它的分布情况。当磁力线为同方向、等距离的平行线时，这样的磁场称为均匀磁场，如图 1—20 所示。磁力线是用来说明磁场分布的假想曲线。如图 1—21 所示，磁力线是闭合的有向曲线，在磁铁外部，磁力线从 N 极指向 S 极；在磁铁内部，则从 S 极指向 N 极。

3. 电流产生的磁场

实验证明：在通电导体的周围也存在着磁场，这种现象称为电流的磁效应。

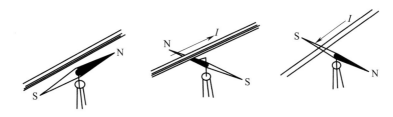

图1—19　通电导体附近存在着磁场

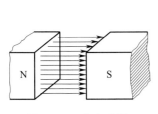

图1—20　均匀磁场

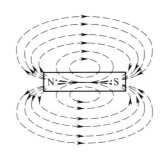

图1—21　条形磁铁磁力线

（1）载流直导线的磁场方向。载流直导线的磁场方向可用右手螺旋定则来判断，如图1—22所示。具体方法是：伸平右手，弯曲四指握住载流直导线使拇指指向电流方向，其余四指所指的方向就是直导线四周的磁力线方向，即磁场方向。这些磁力线由垂直于该直导线平面上，并以导线为中心的多个同心圆构成。

（2）直螺管线圈的磁场。直螺管线圈所产生的磁场方向和电流方向之间的关系，也可以用右手螺旋定则来判断。具体方法如图1—23所示。伸平右手，弯曲四指握住直螺管线圈，四指指向电流方向，则拇指所指方向为直螺管线圈内部所产生的磁场方向，即直螺管线圈内部的磁力线方向。

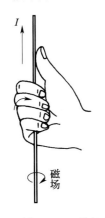

图1—22　判断直导线磁场

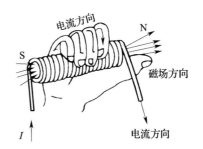

图1—23　直螺管线圈的磁场

4. 磁场的基本物理量

（1）磁感应强度。磁感应强度是用来表示磁场中各点磁感应的强弱和作用方向的物理量。在磁场中，垂直于该磁场方向单位长度的载流导体所受到的磁力 F 与该导体中电流 I 和导体长度 l 的乘积之比值称为磁感应强度，用"B"表示，单位是特斯拉，简称为"特"，

用"T"表示。磁感应强度是一个矢量，其方向为该磁场中的磁针 N 极所指的方向。磁感应强度表示为：

$$B=\frac{F}{Il}$$

式中　B——磁感应强度，T；

　　　F——通电导体所受到的磁场力，N；

　　　I——导体中的电流，A；

　　　l——直导体有效长度，m。

（2）磁通量。磁通量是表征磁场中某一截面上的磁感应强弱的物理量，其定义为：与磁感应强度方向垂直的某一截面积 S 和磁感应强度 B 的乘积，用"Φ"表示，单位是韦伯（Wb）。在均匀磁场中其表达式为：

$$\Phi=BS$$

式中　Φ——磁通量，Wb；

　　　B——磁感应强度，T；

　　　S——与磁感应强度方向垂直的某一截面积，m^2。

因 $B=\dfrac{\Phi}{S}$，故磁感应强度又称磁通密度。

韦伯这一单位是国际单位制的单位，过去有采用"麦克斯韦"（Mx）为单位的，它们的换算关系为：

$$1\ Mx=10^{-8}\ Wb$$

（3）磁导率。磁导率是用来衡量各种物质导磁性能的物理量，又称作磁导系数，用字母 μ 表示，单位是亨/米（H/m）。

各种物质的磁导率（μ 值）不同，为了比较各种物质磁导性能，常用相对磁导率为参数进行比较。任何一种物质的磁导率 μ 与真空磁导率 μ_0（$\mu_0=4\pi\times10^7\,H/m$）的比值，称为相对磁导率，用字母 μ_r 表示。

这样各种物质相对磁导率可表示为：

$$\mu_r=\frac{\mu}{\mu_0}\ 或\ \mu=\mu_r\mu_0$$

它的物理意义是：在其他条件相同的情况下，某一种物质的磁感应强度是真空磁感应强度的多少倍。如铁磁性物质，在其他条件相同的情况下，这类物质中产生的磁感应强度是真空中产生磁感应强度的几千倍甚至几万倍。其他物质相对磁导率均可认为近似于 1，这些材料称为非磁性材料。

（4）磁场强度。在研究磁场时，有时还要引用一个表示外磁场强度的物理量，它就是磁场强度。它也是表示磁场强弱和方向的物理量，但它不包括磁介质因磁化而产生的磁场，用字母 H 表示，其单位为安/米（A/m）。

磁场强度等于磁感应强度与磁导率之比。即：

$$H=\frac{B}{\mu}$$

二、磁场对电流的作用

如果把一根无束缚导体放在磁场中，且不与磁场方向平行，当给导体通以电流时，导体立即发生运动，这是受到电磁力作用的结果。实践证明，载流导体所受到的电磁力与导体中的电流 I、导体长度 l 和磁感应强度 B 成正比。当导体与磁力线间的夹角为 α 时，其大小可表示为：

$$F = BIl\sin\alpha$$

电磁力的方向可按左手定则确定：当导体与磁力线垂直时，伸平左手，使拇指与其余四指成直角，让磁力线穿过手心。使四指指向电流方向，则拇指所指方向为电磁力方向，如图1—24所示。对于磁场中的线框（见图1—25），左右两边都受到力的作用，N极侧受到由外向里的力，S极侧受到由里向外的力。这样两个边的作用力将使线框转动。

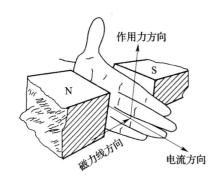

图1—24 左手定则

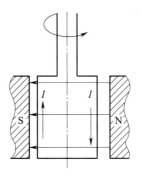

图1—25 磁场中的线框

两根平行的载流导体，各在其周围产生磁场，并使得每根导体都处在另一根导体产生的磁场中，而且还与该磁力线的方向垂直。因此，两根平行载流导体都会受到电磁力的作用。若两根平行导体中的电流方向相同，导体受到相互吸引的力。若两根平行导体中通过的电流方向相反，则导体受到相互排斥的力。发电站、变电所等场所的母线经常平行敷设，短路时的侧向电磁力将成百倍地增大。因此安装必须牢固，以免扩大事故。

三、电磁感应

1. 电磁感应现象

磁场中的导体在作切割磁力线运动时，该导体内就会有感应电动势产生，这种现象称为电磁感应现象。由感应电动势所产生的电流叫感应电流，其方向与感应电动势的方向相同。在此需说明的是：只有导体形成闭合回路时，才会有感应电流存在，而感应电动势的存在与导体是否形成闭合回路无关。

感应电动势的方向用右手定则确定：平伸右手，拇指与其余四指成直角，手心对准N极（即让磁力线穿过手心），拇指指向导体运动的方向，其余四指所指的方向就是感应电动势的方向，如图1—26所示。

2. 直导体的感应电动势

直导体在磁场中作切割磁力线运动时，便在该导体中产生感应电动势，其大小取决于磁感应强度、导体长度及切割磁力线的速度。感应电动势的表达式为：

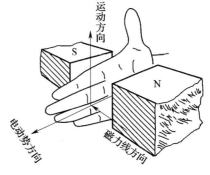

图1—26 右手定则

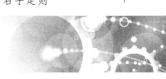

第 1 章 电工基础知识

$$e = Blv\sin\alpha$$

式中　e——电动势，V；

　　　B——磁感应强度，T；

　　　l——导体长度，m；

　　　v——导体切割磁力线的速度，m/s；

　　　α——导体与磁力线的夹角。

当导体切割磁力线运动方向与磁力线的方向垂直时（$l\sin90° = l$），电动势最大。即：

$$e = Blv$$

3. 螺旋线圈的感应电动势

线圈中感应电动势的大小与线圈中磁通变化率（即单位时间内磁通变化的数量）成正比，且与线圈的圈数成正比。上述结论是电学中的重要定律之一，是英国物理学家法拉第在1831年发现的，所以称为法拉第电磁感应定律，通常称为电磁感应定律。

电磁感应定律的表达式为：

$$e = -N\frac{\Delta\Phi}{\Delta t}$$

式中　e——N 匝线圈产生的感应电动势，V；

　　　N——线圈匝数；

　　　$\Delta\Phi$——线圈内磁通变化量，Wb；

　　　Δt——磁通变化 $\Delta\Phi$ 所要用的时间，s。

式中负号表示感应电动势的方向与线圈中磁通变化趋势相反。

四、自感与互感

1. 自感

线圈中的电流大小发生变化时，线圈中的磁通也会相应发生变化，这个变化的磁通必将在线圈中产生感应电动势。这种由于线圈本身电流的变化而在该线圈中产生电磁感应的现象叫作自感现象，由自感现象所产生的感应电动势称为自感电动势，用"e_L"表示。自感电动势的大小取决于电流变化率 $\frac{\Delta i}{\Delta t}$ 的大小，这是产生自感电动势的外因条件，另一方面线圈本身的结构特点也反映出它产生自感电动势的能力。

线圈中通过单位交变电流所产生的自感磁通数，称为自感系数，简称自感，用 L 表示。即：

$$L = \frac{\Phi}{i}$$

式中　L——自感，H；

　　　Φ——线圈中流过电流 i 时产生的磁通数，Wb；

　　　i——流过线圈的交变电流，A。

自感是表示线圈能产生自感电动势大小的物理量，L 越大，线圈产生的自感电动势也越大。当自感 L 和线圈内介质磁导率 μ 为常数时，自感电动势的大小与自感 L、电流变化率 $\frac{\Delta i}{\Delta t}$ 的乘积成正比，可用公式表示为：

$$e_{\mathrm{L}} = -L\frac{\Delta i}{\Delta t}$$

式中 e_{L}——自感电动势，V。

2. 互感

两个线圈相互靠近时，当一个线圈内电流发生变化时，在另一个线圈上会产生感应电动势，这种现象叫互感现象。由互感现象所产生的感应电动势称为互感电动势，用"e_{M}"表示。如图 1—27 所示，线圈 1 对线圈 2 的互感能力称为互感量，用"M"表示。当两个线圈的互感量 M 为常数时，互感电动势的大小与互感量和另一个线圈中的电流变化率乘积成正比。若第一个线圈中的电流 i_1 发生变化时，将在第二个线圈中产生互感电动势 e_{M2}，用公式表示为：

$$e_{\mathrm{M2}} = -M\frac{\Delta i_1}{\Delta t}$$

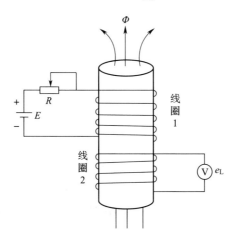

图 1—27　互感现象

同理，若第二个线圈中的电流 i_2 发生变化时，将在第一个线圈中产生互感电动势 e_{M1}，用公式表示为：

$$e_{\mathrm{M1}} = -M\frac{\Delta i_2}{\Delta t}$$

式中　e_{M1}、e_{M2}——互感电动势，V；

　　　M——互感量，H。

在同一个变化的磁通作用下，两个线圈中感应电动势极性相同的端子为同名端，极性相反的两端为异名端。如图 1—28 所示，标有黑点的两端为同名端（更准确地讲，应称作同相位端或异相位端）。

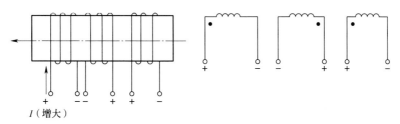

图 1—28　互感电动势的极性

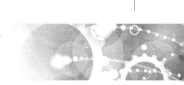

第 **1** 章　电工基础知识

如果将圈数相同的两个互感线圈的同名端连接在一起，其余两端接在电路中，则两个互感线圈产生的磁通在任何时刻总是大小相等，方向相反。利用这一原理人们创造了无感线绕电阻和无感电烙铁等。

3. 涡流

涡流也是一种感应电流。当把线圈缠绕在铁芯上通以交变电流时，将会在铁芯的任何一个闭合曲线构成的回路中产生随交变电流变化而作周期性变化的磁通，根据"动磁生电"的原理，使铁芯中产生感应电流，这种感应电流称为涡流，如图1—29所示。

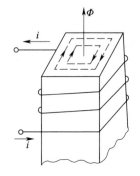

图 1—29　涡流

由于铁芯的电阻很小，所以涡流将会很大，促使铁芯发热，温度上升，严重时会损坏电气设备。因此，制造交流电气设备线圈的铁芯都采用相互绝缘的硅钢片叠装而成，其目的是减小涡流。

第 3 节

交 流 电 路

一、交流电的基本概念

交流电是方向和大小都随时间呈现周期性变化的电流、电压、电动势，简称为交流。普通应用的交流电是随时间按正弦曲线变化的。这种交流电叫作正弦交流电，如图1—30所示。

通过图1—30可以观察到电流的大小和方向都是随时间按正弦曲线变化的，也就是说横坐标 ωt 上任一位置都在曲线上对应一个数值。

1. 正弦交流电的基本物理量

（1）瞬时值、最大值

1）瞬时值。正弦交流电在变化过程中，任一瞬时 t 所对应的交流量的数值，称为交流电的瞬时值，用小写字母 e、i、u 等表示。如图1—31所示的 e_1。

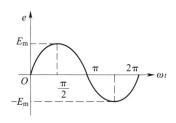

图1—30 正弦交流电波形图

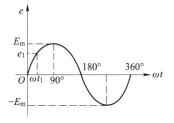

图1—31 正弦交流电波形图

瞬时值的函数表达式为：$e = E_m \sin(\omega t + \varphi)$。

2）最大值。正弦交流电变化一个周期中出现的最大瞬时值，称为最大值（也称极大值、峰值、振幅值），用字母 E_m、U_m、I_m 表示。如图1—31中的 E_m。

（2）周期、频率、角频率

1）周期。正弦交流电完成一个循环所需要的时间称为周期，用字母 T 表示，单位为秒（s）。

2）频率。正弦交流电在单位时间（1 s）内变化的周期数，称为交流电的频率，用字母 f 表示，单位为1/s，另称作赫兹，以 Hz 表示。

一般 50 Hz、60 Hz 的交流电称为工频交流电。

频率和周期的关系为：

$$f=\frac{1}{T}, \quad T=\frac{1}{f}$$

3）角频率。交流电单位时间内所变化的弧度（指电角度）称为角频率，用字母 ω 表示，单位是 rad/s。

交流电在一个周期中变化的电角度为 2π 弧度。因此，角频率和频率及周期的关系为：

$$\omega=2\pi f=\frac{2\pi}{T}$$

在我国供电系统中交流电的频率 $f=50$ Hz、周期 $T=0.02$ s，角频率 $\omega=2\pi f=314$ rad/s。

2. 相位、初相位、相位差

（1）相位。交流电动势某一瞬间所对应的（从零上升开始计）已经变化过的电角度（$\omega t+\varphi$）叫该瞬间的相位（或相角）。它是反映该瞬间交流电动势的大小、方向、增大还是减小状态的物理量。

（2）初相位。交流电动势在开始研究它的时刻（常确定为 $t=0$）所具有的电角度，称为初相位（或初相角），用字母 φ 表示，如图 1—32 所示。

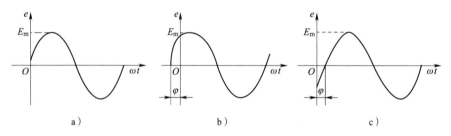

图 1—32　不同初相位的正弦电动势

a）$\varphi=0$　b）$\varphi=\frac{\pi}{6}$　c）$\varphi=-\frac{\pi}{6}$

（3）相位差。频率相同的正弦交流电的初相位之差，称为相位差。如：

$$e_1=E_m\sin(\omega t+\varphi_1)$$

$$e_2=E_m\sin(\omega t+\varphi_2)$$

以上两个交流电动势的相位差为 $\varphi_{12}=\varphi_1-\varphi_2$。

1）同相。两个同频率正弦交流量的相位差为零，称为同相。

2）反相。两个同频率交流量的相位差为 180°时，称为反相。

3）超前。两个同频率交流量初相角大的那一个，叫作超前于另一个。

4）滞后。两个同频率交流量初相角小的那一个，叫作滞后于另一个。

一般，表示超前或滞后的角度时，以不超过 180°为准，否则可以将超前的量化为滞后的量。例如：不说电压超前于电流 240°而说电压滞后于电流 120°。

3. 正弦交流电的有效值和平均值

（1）正弦交流电的有效值。一个交流电流和一个直流电流分别通过阻值相同的电阻，若经过相同的时间，产生同样的热量，则这个直流电流值叫作这个交流电流的有效值，用大写字母 I 表示。相应的电动势、电压用大写字母 E、U 表示。

有效值与最大值的关系为：

$$U_\mathrm{m}=\sqrt{2}U=1.414U$$

$$U=\frac{1}{\sqrt{2}}U_\mathrm{m}=0.707U_\mathrm{m}$$

（2）正弦交流电的平均值。正弦交流电的平均值在一个周期内等于零。通常情况下，平均值是指正弦交流电流或电压在半个周期内的平均值，用字母 E_av、U_av、I_av 表示。平均值与最大值的关系为：

$$E_\mathrm{av}=0.637E_\mathrm{m}$$

$$U_\mathrm{av}=0.637U_\mathrm{m}$$

$$I_\mathrm{av}=0.637I_\mathrm{m}$$

二、正弦交流电的表示方法

1. 解析法

用三角函数式来表达正弦交流电与时间变化关系的方法称为解析法。交流电动势、电压、电流的三角函数表达式分别如下：

$$e=E_\mathrm{m}\sin\ (\omega t+\varphi_e)$$

$$u=U_\mathrm{m}\sin\ (\omega t+\varphi_u)$$

$$i=I_\mathrm{m}\sin\ (\omega t+\varphi_i)$$

以上三式用来表示电动势、电压、电流在 t 时刻的瞬时值。

2. 旋转矢量法

旋转矢量法是指用在平面直角坐标系中绕原点作逆时针方向旋转的矢量 E_m 表示正弦交流电的方法。即用矢量的长度代表正弦交流电的最大值，用旋转矢量与横轴正向的夹角 φ 代表正弦交流电的初相位，用旋转矢量在纵轴上的投影代表正弦交流电的瞬时值，如图 1—33 所示。这样就能把正弦交流电的三要素形象地表示出来，而且可以大大简化正弦量的加减计算。但必须注意只有同频率的正弦交流电才能在同一个图上表示，其加减才能采用旋转矢量法。

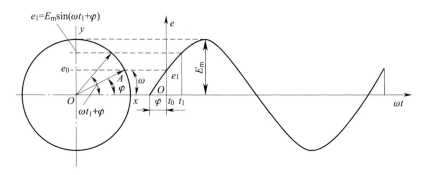

图 1—33　正弦交流电旋转矢量表示法

3. 波形图法

利用平面直角坐标系中的横坐标表示电角度"ωt"、纵坐标表示正弦交流电的瞬时值，画出它的正弦曲线，这种方法称为波形图法。这种方法可以直观地表示正弦交流量的变化状态、相互关系，但是不便于数学运算。如果采用旋转矢量法来表达正弦量就方便很多。

三、单相交流电路

1．纯电阻电路

只含有电阻的交流电路，在实用中常常遇到，如白炽灯、电阻炉等。电路中电阻起决定性作用，电感电容的影响可忽略不计的电路可视为纯电阻电路，如图1—34所示。

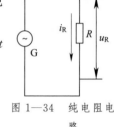

（1）电流与电压的相位关系。当电阻 R 上流过的电流 $i_R = I_{Rm}\sin\omega t$ 时，则在电阻 R 两端将产生同一频率的正弦电压：

$$u_R = RI_{Rm}\sin\omega t$$

令 $\qquad\qquad RI_{Rm} = U_{Rm}$

则 $\qquad\qquad u_R = U_{Rm}\sin\omega t$

图1—34　纯电阻电路

由以上的电压和电流的三角函数式可知，在交流电路中纯电阻元件电压和电流的初相角相同。所以，电流和电压是同相的，如图1—35和图1—36所示。

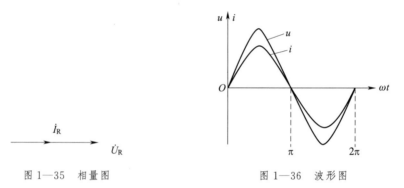

图1—35　相量图 　　　　　　　　　　图1—36　波形图

（2）电流与电压的数量关系。在计算电路中的电压和电流时，常常采用有效值，这样将 $U_{Rm} = RI_{Rm}$ 两边除以 $\sqrt{2}$，即得 $U = IR$。在纯电阻电路中由于电阻是一个确定的值，所以电压与电流成正比，其有效值之间的关系为：

$$I = \frac{U}{R}$$

仍然符合欧姆定律的关系。

（3）纯电阻电路的功率。在纯电阻电路中，由于电流、电压都是随时间变化的，所以功率也是随时间变化的。电压瞬时值 u 与电流瞬时值 i 的乘积，称为瞬时功率，用 p 表示，用公式表示为：

$$p = ui$$

根据上式，把同一瞬间电压 u 与电流 i 的数值逐点对应相乘，就可以画出瞬时功率曲线，如图1—37a所示。

在前半周 i 和 u 为正值。在后半周由于 i 和 u 均为负值，相乘后 p 仍为正值，所以纯电阻电路的瞬时功率均为正值。由此可见，电阻总是要消耗功率的。

一个周期内瞬时功率的平均值，叫平均功率。由于这个功率是由电阻所消耗掉的，所以也叫有功功率，用 P 表示，单位是 W。

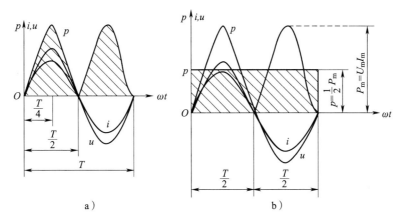

图 1—37　纯电阻电路功率波形图

经数学推导证明，平均功率（有功功率）等于瞬时功率最大值的一半，如图 1—37b 所示。用公式表示为：

$$P=\frac{1}{2}U_m I_m=\frac{1}{2}\sqrt{2}U\sqrt{2}I=UI$$

或

$$P=I^2R=\frac{U^2}{R}$$

式中　P——有功功率，W；

　　　U——电阻上的交流电压有效值，V；

　　　I——电阻上的交流电流有效值，A；

　　　R——电阻，Ω。

由上式可见，该表达式与直流电路计算功率的公式形式一样。只不过在交流电路中电压、电流均为有效值。

2. 纯电感电路

电路中电感起决定性作用，而电阻、电容的影响可忽略不计的电路可视为纯电感电路。空载变压器、电力线路中限制短路电流的电抗器等都可视为纯电感负载，如图 1—38a 所示。

（1）电流与电压的相位关系。在纯电感电路中，当通过交流电流时，由于电磁感应的存在，在电感线圈中就会产生自感电动势 e_L，这个自感电动势会阻碍线圈中电流的变化。这样，使得电感上的电压超前于电流 90°，而电感上的电流又超前于自感电动势 e_L 90°。因此，自感电动势与电压反相。

由于在纯电感电路中，可以认为线圈的电阻值为零，因此，电源电压 U 在任何瞬时都与自感电动势 e_L 的大小相等、方向相反，即 $u=-e_L$。电感线圈上的电压、自感电动势、电流三者之间的相位关系如图 1—38c 所示，电感线圈中的电流 I 和自感电动势的波形如图 1—38b 所示。

（2）电流与电压的数值关系。由于电感线圈两端电压与电流相位不同，故不能简单地用欧姆定律来处理它们之间的数值关系，只有当电源频率和电感为常数时，电压与电流在数值上成正比，仍符合欧姆定律。电感具有阻碍电流通过的性质称为"感抗"。感抗分为自感感抗和互感感抗。感抗用字母 X_L 表示，单位是 Ω。它与自感 L 的关系为：

第 1 章　电工基础知识

$$X_L = \omega L = 2\pi f L$$

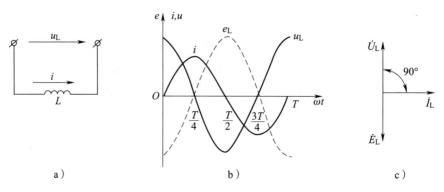

图1—38　电感电路及其电压、电流的波形图和相量图

由上式可知，感抗在数值上等于电感 L 与频率 f 乘积的 2π 倍。

纯电感电路感抗、电流有效值、电压有效值之间的关系可表达为：

$$I_L = \frac{U_L}{X_L} = \frac{U_L}{\omega L} = \frac{U_L}{2\pi f L}$$

由于感抗与频率成正比，所以电感线圈对高频电流所呈现的阻力很大，频率极高时，电路中几乎没有电流通过，而直流电没有频率变化，不产生自感电动势，电路相当于短路，电流很大。在使用电抗器、接触器等有感线圈的设备时，应注意这一点。

（3）纯电感电路中的功率。通过图1—39可以观察到纯电感交流电路中，其瞬时功率也是时间的正弦函数，其频率为电流的两倍，而且瞬时功率在每个周期内的平均功率为零（有功功率 $P=0$），所以纯电感不消耗能量，只对电源能量起交换作用，即同电源进行电能与磁能的能量交换。由于存在着能量交换，所以瞬时功率并不等于零。其瞬时功率的最大值称为无功功率，用 Q_L 表示，单位是"乏尔"，简称为"乏"，用符号 var 表示。无功功率 Q_L 数值的大小可用公式表示为：

$$Q_L = \frac{1}{2} U_{Lm} I_{Lm} = \frac{1}{2} \times \sqrt{2} U_L \times \sqrt{2} I_L = U_L I_L$$

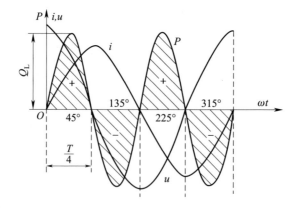

图1—39　纯电感电路中功率的波形

无功功率绝对不是无用的功率，它是具有电感的设备建立磁场、储存磁能必不可少的工作条件。

3. $R-L$ 串联电路

这种电路是指电容特性可忽略不计，而电阻、电感特性起主导作用的串联电路，简称 $R-L$ 串联电路。如带电感式镇流器的日光灯、电动机、变压器的绕组等都可以看作为 $R-L$ 串联电路。其电路如图 1—40a 所示。$R-L$ 串联电路中，流过电阻和流过电感的电流为同一电流，但电阻两端电压与电流同相，电感两端电压超前于电流 90°，如图 1—40b 所示。

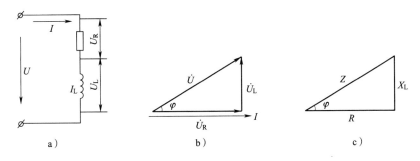

图 1—40　$R-L$ 串联电路

a）电路图　b）电压三角形　c）阻抗三角形

在交流电路中，两个相位不同的电压之和不是有效值的代数和，而应是相量和，即：

$$\dot{U}=\dot{U}_R+\dot{U}_L$$

如图 1—40b 所示，由电压三角形可知：

$$U=\sqrt{U_R^2+U_L^2}$$

式中　U——总电压，V；

　　　U_R——电阻两端电压，V；

　　　U_L——电感两端电压，V。

电阻与感抗对交流电流的通过所产生的综合的阻碍作用称为阻抗（其完整含义见后），用字母 Z 表示，单位是 Ω。将 $U_R=IR$，$U_L=IX_L$ 代入上式，可得：

$$U=\sqrt{(IR)^2+(IX_L)^2}=I\sqrt{R^2+X_L^2}$$

或

$$\frac{U}{I}=\sqrt{R^2+X_L^2}$$

根据

$$U=IZ$$

所以

$$Z=\sqrt{R^2+X_L^2}$$

由 Z、R、X_L 组成的三角形称为阻抗三角形，φ 角称为阻抗角，如图 1—40c 所示。

由阻抗三角形可知：

$$\cos\varphi=\frac{R}{Z}$$

在 $R-L$ 电路中既有能量的消耗，也存在着能量的转换，也就是说既存在有功功率 P，也存在无功功率 Q_L。

在交流电路中总电流与总电压的乘积称为视在功率（或表观功率），用字母 S 表示，单位为"伏安"（V·A）或"千伏安"（kV·A）。视在功率可表示为：

$$S=UI$$

视在功率表示电源提供的总容量。如变压器的容量就是用视在功率表示的。根据有功功率和无功功率的定义，结合电压三角形可知：

$$P=U_R I=UI\cos\varphi=S\cos\varphi$$

$$Q_L=U_L I=UI\sin\varphi=S\sin\varphi$$

在 $R-L$ 电路中，由于自感电动势的作用，当切断电源时，电感上会因自感电动势的存在出现很高的过电压，在电力和电子线路中，经常会把接点（开关触头）烧蚀，还会将晶体管击穿。因此，有时在开关两端并联一个 $R-C$ 电路来"吸收"自感电动势以降低触点电压。

例 1—6 将电阻为 6 Ω，电感为 25.5 mH 的线圈接在 220 V 的电源上，试计算电源频率为 50 Hz 时的感抗、阻抗、电流、有功功率、无功功率及视在功率。

解

$$X_L=2\pi fL=2\times3.14\times50\times25.5\times10^{-3}\approx8\ （\Omega）$$

$$Z=\sqrt{R^2+X_L^2}=\sqrt{6^2+8^2}=10\ （\Omega）$$

$$I=\frac{U}{Z}=\frac{220}{10}=22\ （A）$$

$$P=I^2 R=22^2\times6=2\ 904\ （W）$$

$$Q=I^2 X_L=22^2\times8=3\ 872\ （var）$$

$$S=IU=22\times220=4\ 840\ （V\cdot A）$$

4. 纯电容电路

由绝缘电阻很大、介质损耗很小的电容器组成的交流电路，可以近似认为是纯电容电路。电容器的应用十分广泛，在电力系统中常用它来调整电压、改善功率因数。

（1）电压和电流的相位关系。当电容器接到交流电源上时，由于交流电压的大小和方向不断变化，电容器就不断地进行充放电，便形成了持续不断的交流电流，其瞬时值等于电容器极板上的电荷变化率。即：

$$i=\frac{\Delta q}{\Delta t}$$

式中，Δq 为电容器上电荷量的变化值；Δt 为时间的变化值。

因为 $\qquad\qquad\qquad q=Cu_C$

所以 $\qquad\qquad\qquad i=C\dfrac{\Delta u_C}{\Delta t}$

式中，$\dfrac{\Delta u_C}{\Delta t}$ 是电容两端电压的变化率。

由此可见，电容器上电流的大小与电压变化率成正比。假设在电容器两端加一正弦交流电压。通过对图 1—41b 的分析，可知电压与电流之间存在着相位差，即电容器上的电流超前于电容器两端电压 90°，它们的相量图如图 1—41c 所示。同时得知电容器上电流变化规律及频率与电压相同，均为正弦波。

（2）电压和电流的数量关系。在纯电容电路中，电容具有阻碍交流电流通过的性质，称作容抗，用 X_C 表示，单位是 Ω。其表达式为：

$$X_C=\frac{1}{2\pi fC}=\frac{1}{\omega C}$$

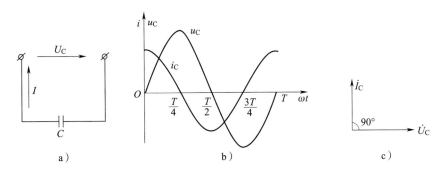

图1—41 电容电路及其电压、电流的曲线图和相量图

容抗与频率成反比，所以，电容器对高频交流电容易形成充放电电流，而对低频交流电不容易形成充放电电流。

纯电容电路中，容抗、电流有效值与电压有效值的关系为：

$$I_C = \frac{U_C}{X_C} = 2\pi f C U_C$$

（3）纯电容电路中的功率。在纯电容电路中，电容器不断地充放电，电源的电能只是与电容器内储存的电场能之间不断转换，其瞬时功率在一个周期内的平均值为零，即有功功率$P=0$，所以，它并没有消耗电源的电能。其瞬时功率的最大值也叫无功功率，用Q_C表示，单位是"乏"，用var表示。其瞬时功率波形图如图1—42所示。

$$Q_C = \frac{1}{2}U_{Cm}I_{Cm} = \frac{U_{Cm}}{\sqrt{2}} \times \frac{I_{Cm}}{\sqrt{2}} = U_C I_C$$

5. $R-L-C$ 串联电路

由电阻R、电感L和电容C组成的串联电路，简称为$R-L-C$串联电路，如图1—43所示。当电路接通交流电压U时，由于流过各元件上的电流均为I，在电阻R两端产生的电压降$U_R=IR$，电流I与电压U_R相位相同；在电感L的两端产生电压降$U_L=IX_L$，电压U_L超前于电流$90°$；在电容C两端产生电压降$U_C=IX_C$，电压U_C滞后于电流$90°$。由于各元件上的电流为同一值，故电流为参考相量。在R、L、C上产生的电压降的相量关系，如图1—44a所示。根据已掌握的知识得知，串联电路中总电压等于各分电压之和，但由于各元件上电压相位不同，故只能用相量和的方法求得，即：

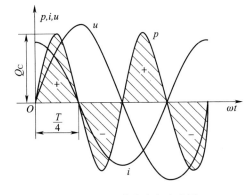

图1—42 瞬时功率波形图

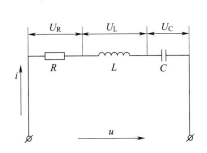

图1—43 $R-L-C$串联电路

$$\dot{U}=\dot{U}_R+\dot{U}_L+\dot{U}_C$$

根据如图1—44b所示的电压三角形，总电压的大小可由下式计算：

$$U=\sqrt{U_R^2+(U_L-U_C)^2}$$

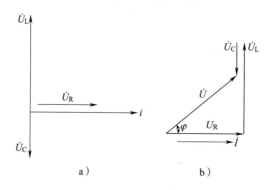

图1—44 $R-L-C$ 串联电路电压相量关系

a）相量图 b）电压三角形

由 $U_R=IR$，$U_L=IX_L$，$U_C=IX_C$ 可得：

$$U=I\sqrt{R^2+(X_L-X_C)^2}$$

其中 $\sqrt{R^2+(X_L-X_C)^2}$ 可用字母 Z 表示，即：

$$Z=\sqrt{R^2+(X_L-X_C)^2}=\sqrt{R^2+X^2}$$

式中，Z 称为阻抗，单位是 Ω，它包括电阻和电抗两部分，而式中 X 称为电抗，它是由感抗和容抗两部分构成。

由于 $Z=\sqrt{R^2+X^2}$，$U=I\sqrt{R^2+X^2}$，故 $U=IZ$。

即 $R-L-C$ 串联电路总电压有效值等于电路中电流有效值与阻抗的乘积。总电压 U 与电流 I 的相位关系可由图1—44b来确定。先求出它的余弦或正切函数，然后再求出其角度。

$$\cos\varphi=\frac{R}{Z}$$

$$\tan\varphi=\frac{X}{R}=\frac{X_L-X_C}{R}$$

由上式可见，总电压 U 与电流 I 的相位差和 R、X_L、X_C 有关，其方向取决于 X_L 和 X_C 的差。

当 $X_L>X_C$ 时，$\varphi>0$，X_L-X_C 和 U_L-U_C 均为正值，总电压超前于电流，电感的作用大于电容的作用，此时总电路呈电感性。

当 $X_L<X_C$ 时，$\varphi<0$，X_L-X_C 和 U_L-U_C 均为负值，总电压滞后于电流，电容的作用大于电感的作用，此时总电路呈电容性。

当 $X_L=X_C$ 时，$X_L-X_C=0$，$\varphi=0$，$U_L=U_C$，这时总电压与电流同相，电路中电流 $I=\dfrac{U}{R}$，为最大，此时总电路呈电阻性。这种状态称为串联谐振。其特点是电感或电容两端电压可能大于电源电压。

6. R、L 串联再与 C 并联

在交流电路中，当线圈中电阻不可忽略时，它和电容的并联电路称为电阻电感电容并联

电路，有时简称为 $R-L-C$ 并联电路，如图 1—45a 所示。在这种电路中，总电流分为两条支路，每一条支路上的电流可用欧姆定律的交流形式计算。

通过接有线圈支路上的电流为：

$$I_1 = \frac{U}{\sqrt{R^2 + X_L^2}}$$

式中　I_1——通过线圈的电流，A；

　　　U——加在线圈两端的电压，V；

　　　R——线圈电阻，Ω；

　　　X_L——线圈感抗，Ω。

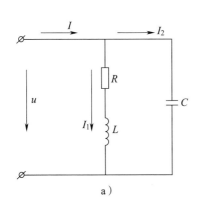
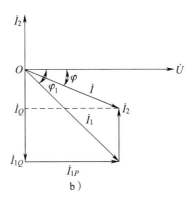

图 1—45　R、L 串联再与 C 并联电路及电流相量图

通过接有电容支路上的电流为：

$$I_2 = \frac{U}{X_C}$$

式中　I_2——通过电容器的电流，A；

　　　U——加在电容器两端的电压，V；

　　　X_C——电容的容抗，Ω。

根据并联电路的特点，电路总电流等于两条支路上的电流之和，但是由于 $\dot{I}_1$ 和 $\dot{I}_2$ 的相位不同，所以不能用代数和，只能用相量和的方法求其电路总电流。因两条支路电压相同，故以电路电压为参考量，画出相量图，如图 1—45b 所示。因支路电流 $\dot{I}_2$ 超前于电压 $90°$，其电流大小由电源电压和容抗决定，即 $I_2 = \frac{U}{X_C}$。由于电阻 R 的存在，所以电感支路电流 $\dot{I}_1$ 并非滞后电压 $90°$，而是滞后电压 φ_1，φ_1 的大小由电阻 R 与感抗 X_L 的比值来决定，可用公式 $\varphi_1 = \arctan\left(\dfrac{X_L}{R}\right)$ 来计算。$\dot{I}_1$ 的大小是由电源电压和该支路的阻抗来决定，即 $I_1 = \dfrac{U}{Z} = \dfrac{U}{\sqrt{R^2 + X_L^2}}$。

在相量图上计算总电流时，可先将 $\dot{I}_1$ 分解成有功分量 $\dot{I}_{1P}$（$\dot{I}_{1P} = \dot{I}_1\cos\varphi_1$）和无功分量 $\dot{I}_{1Q}$（$\dot{I}_{1Q} = \dot{I}_1\sin\varphi_1$），则电路总的无功分量 $\dot{I}_Q = \dot{I}_{1Q} + \dot{I}_2$（在数值上为 $I_Q = I_{1Q} - I_2$），

总电流。

$$\dot{I}=\sqrt{(\dot{I}_1\cos\varphi_1)^2+(\dot{I}_1\sin\varphi_1-\dot{I}_2)^2}$$

总电流与总电压的相位差 φ 的计算，可由下式得出：

$$\varphi=\arctan\frac{\dot{I}_1\sin\varphi_1-\dot{I}_2}{\dot{I}_1\cos\varphi_1}$$

$\varphi<0$，表示电流滞后电压 φ 角，电路呈感性。

$\varphi>0$，表示电流超前电压 φ 角，电路呈容性。

$\varphi=0$，表示电流与电压同相，电路呈电阻性，此种状态为并联谐振或称为电流谐振。

从图 1—45b 中可见，电感性负载与电容并联后，电路中的总电流与电源电压的相位角 φ 比并联电容前减少了，说明功率因数 $\cos\varphi$ 增大了。

综上所述，在电力系统中发生并联谐振时，在电感和电容元件中会流过很大的电流，因此会造成电路的熔丝熔断或烧毁电器设备。

7. 功率因数和无功功率补偿

在交流电路中，电压与电流之间的相位差（φ）的余弦叫功率因数，用符号 $\cos\varphi$ 表示。根据功率三角形可知功率因数在数值上等于有功功率 P 与视在功率 S 的比值，即：

$$\cos\varphi=\frac{P}{S}$$

功率因数的大小与电路的负荷性质有关，电阻性负荷的功率因数等于1，具有电感性负荷的功率因数小于1。求功率因数大小的方法很多，常用的方法有两种：

（1）直接计算法，即：

$$\cos\varphi=\frac{P}{S}\quad\text{或}\quad\cos\varphi=\frac{R}{Z}$$

（2）若有功电量以 W_P 表示，无功电量以 W_Q 表示，则功率因数平均值为：

$$\cos\varphi=\frac{W_P}{\sqrt{W_P^2+W_Q^2}}$$

变压器等电器设备都是根据其额定电压和额定电流设计的，它们都有固定的视在功率。功率因数越大，表示电源所发出的电能转换为有功电能越高，这是人们所希望的；反之功率因数越低，电源所发出的电能被利用得越少，同时增加了线路电压损失和功率损耗，这就需要提高电力系统的功率因数，提高电源设备的利用率。

因此，利用电容器上的电流与电感负载上的电流在相位上相差 180° 的特点，也就是说它们的方向是相反的，相互抵消的，把它们接在同一系统中就可以减小线路上的无功电流，从而使系统的功率因数得到提高。这就是利用电容器的无功功率来补偿电感性负载上无功功率，提高有功功率的成分，达到提高系统中功率因数的目的。这样就可使发电设备得到充分利用，同时也降低了线路上的电压损失和功率损耗。

四、三相交流电路

1. 三相电动势的产生

三相交流电一般由三相发电机产生。其原理可由图 1—46 说明。

发电机定子上有 U_1-U_2、V_1-V_2、W_1-W_2 三组绕组，每组绕组称为一相，各相绕组匝数相等、结构一样，对称地排放在定子铁芯内侧的线槽里。在转子上有一对磁极的情况下，三组绕组在排放位置上互差120°。转子转动时 U_1—U_2、V_1—V_2、W_1—W_2 绕组中分别都产生同样的正弦感应电动势。但当 N 极正对某一相绕组时，该相感应电动势产生最大值。显然，V 相比 U 相滞后 120°，W 相比 V 相滞后 120°，U 相比 W 相滞后 120°，三相电动势随时间变化的曲线如图1—47所示。这种大小相等、频率相同，但在相位上互差120°的电动势称为对称三相电动势。同样，最大值相等、频率相同，相位相差120°的三相电压和电流分别称为对称三相电压和对称三相电流。

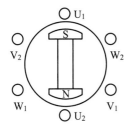

图1—46　三相交流电发电机示意图

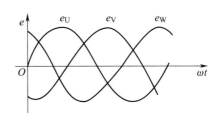

图1—47　三相交流电波形

三相交流电动势在时间上出现最大值的先后顺序称为相序。相序一般分为正相序、负相序、零相序。最大值按 U—V—W—U 顺序循环出现为正相序。最大值按 U—W—V—U 顺序循环出现为负相序。如令三个相电压的参考极性都是起始端 U_1、V_1、W_1 为正，尾端 U_2、V_2、W_2 为负，又令 U_1—U_2 绕组中的电动势 e_U 为参考正弦量，那么，三个相电压的函数表达式为：

$$e_U = E_{Um}\sin\omega t$$
$$e_V = E_{Vm}\sin(\omega t - 120°)$$
$$e_W = E_{Wm}\sin(\omega t + 120°)$$

对称三相交流电动势的相量图，如图1—48所示。

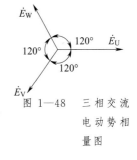

图1—48　三相交流电动势相量图

2. 三相电源的连接

在生产中，三相交流发电机的三个绕组都是按一定规律连接起来向负载供电的。通常有两种方法：一种是星形（丫）连接；另一种是三角形（△）连接。

（1）星形连接。将电源三相绕组的末端 U_2、V_2、W_2 连接在一起，成为一个公共点（中性点），而由三个首端 U_1、V_1、W_1 分别引出三条导线向外供电的连接形式，称为星形（丫）连接，如图1—49a所示。以这种连接形式向负载供电的方式称为三相三线制供电。这三条导线叫作相线，分别用 L_1、L_2、L_3 表示。在这三条相线中，任意两条相线间的电压称为线电压，用 U_L 表示。

在上述连接形式向外供电的基础上，再加上由中性点（已采取中性点工作接地的）引出一条导线，称为零线，用字母 N 表示。任一条相线与零线间的电压称为相电压，用 U_φ 表示。这种以四条导线向负载供电的方式，称为三相四线制供电。

三相四线制供电方式可向负载提供两种电压，即相电压和线电压。相电流是指流过每一相电源绕组或每一相负载中的电流，用符号 I_φ 表示。任一条相线上的电流称为线电流，用 I_L 表示。

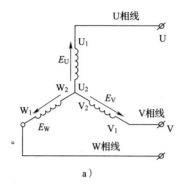
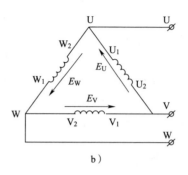

图 1—49　三相交流电源的连接

a）星形　b）三角形

在三相交流电星形接法中，经数学推导可以证明，三相平衡时线电压为相电压的 $\sqrt{3}$ 倍，线电流等于相电流。即：

$$U_\mathrm{L}=\sqrt{3}U_\varphi$$

$$I_\mathrm{L}=I_\varphi$$

因此，380 V/220 V 的三相四线制供电线路可以提供给电动机等三相负载用电，同时还可以供给照明等单相用电。

（2）三角形连接。将三相绕组的各末端与相邻绕组的首端依次相连，即 U_2 与 V_1、V_2 与 W_1、W_2 与 U_1 相连，使三个绕组构成一个闭合的三角形回路，这种连接方式称为三角形（△）连接，如图 1—49b 所示。三角形连接方法只能引出三条相线向负载供电。因其不存在中性点，不能引出零线（N 线），所以这种供电方式只能提供电动机等三相负载的用电，或仅提供线电压的单相用电。

三角形连接方式中，线电压等于相电压，线电流等于 $\sqrt{3}$ 倍的相电流。即：

$$U_\mathrm{L}=U_\varphi$$

$$I_\mathrm{L}=\sqrt{3}I_\varphi$$

3. 三相负载的连接

（1）负载的星形连接。三组单相负载接入三相四线制供电系统中适用图 1—50a 的接法。三相负载星形连接适用图 1—50b 的接法。

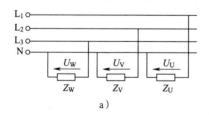
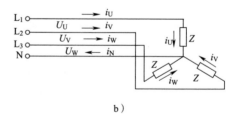

图 1—50　负载为星形连接

在星形连接的三相负载电路中，线电流等于相电流，这种关系对于对称星形和不对称星形电路都是成立的。如果是对称的三相负载，线电压等于相电压的 $\sqrt{3}$ 倍。即：

$$U_{L} = \sqrt{3}U_{\varphi}$$
$$I_{L} = I_{\varphi}$$

（2）负载的三角形连接。在三角形连接的三相负载电路中，线电压等于相电压，无论三角形负载对称与否都成立。三相对称负载作三角形连接时，线电流等于相电流的$\sqrt{3}$倍。即：

$$U_{L} = U_{\varphi}$$
$$I_{L} = \sqrt{3}I_{\varphi}$$

负载的三角形连接如图1—51所示。

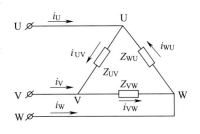

图1—51　负载的三角形连接

4. 三相交流电路的功率

在对称三相电路中，其总功率等于各相负载功率之和。即：

$$P = P_{U} + P_{V} + P_{W}$$
$$= U_{U}I_{U}\cos\varphi_{U} + U_{V}I_{V}\cos\varphi_{V} + U_{W}I_{W}\cos\varphi_{W}$$

不论是有功功率、无功功率还是视在功率均符合这个原则。

（1）有功功率。在对称三相电路中，三相负载所消耗的有功功率等于3倍单相负载消耗的有功功率，即：

$$P = 3U_{\varphi}I_{\varphi}\cos\varphi$$

当对称负载为星形连接时：

$$U_{\varphi} = \frac{1}{\sqrt{3}}U_{L} \quad I_{\varphi} = I_{L}$$

当对称负载为三角形连接时：

$$U_{\varphi} = U_{L} \quad I_{\varphi} = \frac{1}{\sqrt{3}}I_{L}$$

所以
$$P = \sqrt{3}U_{L}I_{L}\cos\varphi$$
其单位为 W 或 kW。

（2）无功功率。三相负载总的无功功率等于各相负载无功功率之和，即：

$$Q = Q_{U} + Q_{V} + Q_{W}$$

当三相负载对称时：

$$Q = 3Q_{\varphi}I_{\varphi}\sin\varphi$$

即：
$$Q = \sqrt{3}U_{L}I_{L}\sin\varphi$$

其单位为乏（var）或千乏（kvar）。

（3）视在功率。根据视在功率定义 $S = \sqrt{P^{2}+Q^{2}}$，当负载对称时：

$$S = \sqrt{P^{2}+Q^{2}}$$
$$= \sqrt{(\sqrt{3}U_{L}I_{L}\cos\varphi)^{2} + (\sqrt{3}U_{L}I_{L}\sin\varphi)^{2}}$$
$$= \sqrt{3}U_{L}I_{L}$$

即：
$$S = \sqrt{3}U_{L}I_{L}$$

其单位为伏安（V·A）或千伏安（kV·A）。

第**1**章　电工基础知识

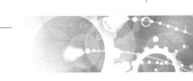

有功功率 P、无功功率 Q 与视在功率 S 三者之间关系为：

$$S = \sqrt{P^2 + Q^2}$$

$$P = \sqrt{S^2 - Q^2}$$

$$Q = \sqrt{S^2 - P^2}$$

在实际工作中，在相同的线电压条件下，同一组负载作为三角形连接时的有功功率是负载作为星形连接时有功功率的 3 倍，对于无功功率也是如此。

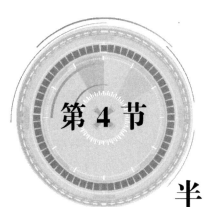

第4节

半导体管基础知识

电子电路控制由于体积小、质量小、效率高、寿命长、无噪声、动作快、操作方便等许多优点，在各个领域得到广泛应用。

一、半导体与半导体管

1. 半导体

自然界中不同的物质按其导电性能可以分为三类。第一类，原子对其外围电子束缚能力较差，有大量自由电子，称为导体。该类物质可加工成各种电线。第二类，原子对其外围电子束缚能力强，自由电子极少，称为绝缘体，通常用它对带电导体隔离，保证电气设备的正常工作及安全运行。第三类，介于导体与绝缘体之间，本身的特性又受外界条件影响极大，因此，称为半导体。半导体经过特殊加工制成种类繁多的半导体管。

2. 半导体管

在纯净的半导体材料（如硅、锗、硫化镉、砷化镓等）中按重量比掺入百万分之一的砷、锑、磷等元素，就会在半导体正常晶格结构之外产生很多带负电荷的电子，这就形成了N型半导体。如在它们中以同样的比例掺入铝、铟、硼等元素，就会在半导体正常晶格结构内产生很多带有正电荷的空穴，这就形成了P型半导体。掺杂后的N型半导体、P型半导体内部的自由电子或空穴排列杂乱无章，如图1—52所示。如果将P型半导体与N型半导体紧密地结合在一起，在P与N的交界处就形成了一个特殊的薄层，交界处的P型中的空穴向N型中扩散，N型中的电子向P型中扩散。扩散后，在界面附近就形成了反向电位，阻止"后继者"的扩散。它阻止自由电子从N区跑到P区，也阻止空穴从P区跑到N区。这个阻挡层称为P—N结，如图1—53所示。

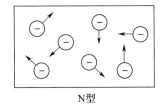

N型　　　　　　　　　　　　　P型

图1—52　N型半导体和P型半导体

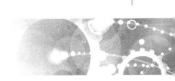

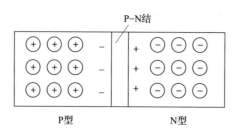

图 1—53　P—N 结

　　P—N 结具有特殊的导电性质。如果把 P—N 结与电池、小灯泡串联起来，如图 1—54 所示，电池的正极接 P 区，电池的负极经灯泡接 N 区，P—N 结的阻挡层变薄，于是自由电子和空穴便大量跑向对方而形成电流，小灯泡发光。图 1—54a 所示为正向接法。因正向接法的电阻只有几十至几百欧姆，处于导通状态，所以它的导电性能与导体相似。如果改变接法，将电池的正极接 N 区，电池的负极经小灯泡接 P 区，P—N 结的阻挡层被加厚，使自由电子、空穴无法通过，因此半导体中几乎没有电流流动，小灯泡也不亮。图 1—54b 的接法为 P—N 结反向接法。反向时仅有很小的反向电流。它的电阻在几十千欧至几百千欧，因此可认为不导电，导电性能类似于绝缘体。P—N 结只允许电流从一个方向通过的现象，称为半导体的单向导电性能。

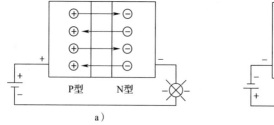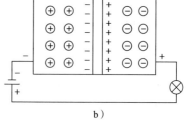

a）　　　　　　　　　　　　　　　　　　　　b）

图 1—54　P—N 结连接

a）正向接法　b）反向接法

　　利用 P—N 结的单向导电性能，将不同的 P—N 结巧妙地结合在一起，这样就可制造出不同的晶体管供不同的需要选择。如一个 P—N 结可做成二极管；三极管具有两个 P—N 结；晶闸管具有三个 P—N 结。这些管统称为晶体管（半导体管）。

二、二极管

1. 二极管的分类

　　（1）按封装材料分类。如图 1—55 所示，二极管按封装材料可分为陶瓷环氧树脂封装型、玻璃封装型、塑料封装型、金属封装型、大型金属封装型。

　　（2）按基体材料分类。二极管按基体材料可以分为以锗为基材的锗二极管和以硅为基材的硅二极管。

　　（3）按用途分类。二极管按用途可以分为整流管、检波管、稳压管和开关管等。

　　（4）按特殊用途分类。二极管按特殊用途可以分为光敏二极管、发光二极管、热敏二极管、微波二极管、变容二极管和隧道二极管等。

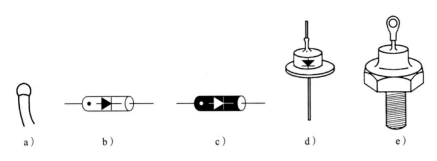

图 1—55 二极管

a）陶瓷环氧树脂封装型　b）玻璃封装型　c）塑料封装型　d）金属封装型　e）大型金属封装型

2. 二极管的结构与命名

（1）二极管的结构。二极管 P—N 结的构成常见的有两种：点接触型和面接触型。点接触型是用一根金属丝与一块半导体熔结在一起，构成二极管的两个极，如图 1—56a 所示。由于接触面积小，所以通过的电流就小，结电容小，一般多用于较高频率下工作，如检波。

面接触型二极管的 P—N 结如图 1—56b 所示。由于接触面积大，所以通过的电流就大，但因结电容大，只适用于较低频率下工作，一般用于整流。

硅二极管与锗二极管基材不同，但结构基本一样。这两种二极管的显著差别是起始导通电压差别较大。起始导通电压也叫作结电压。P—N 结与电源正向接通后，电源电压由零开始逐渐升高，当升高到一定值时 P—N 结突然导通。使 P—N 结突然导通的电压最小值称为该 P—N 结的结电压。一般硅二极管的结电压为 0.6~0.7V，锗二极管的结电压为 0.2~0.3 V。

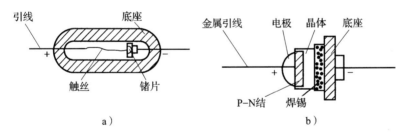

图 1—56 二极管

a）点接触型　b）面接触型

（2）二极管的命名。国产半导体管种类繁多，用途广泛，特性不一。为了便于使用，用型号来加以区别。根据国家标准规定的统一命名法，半导体管的型号由四部分构成。各部分的含义如下，见表 1—2。

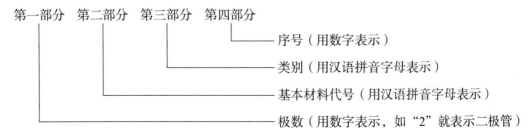

第一部分　第二部分　第三部分　第四部分

—— 序号（用数字表示）

—— 类别（用汉语拼音字母表示）

—— 基本材料代号（用汉语拼音字母表示）

—— 极数（用数字表示，如"2"就表示二极管）

表 1—2 　　　　　　　　　　　半导体管型号的各部分含义

第一部分	第二部分	第三部分	第四部分
极数	基体材料代号	类别	序号
2—二极管 3—三极管	二极管　A—N 型锗 　　　　B—P 型锗 　　　　C—N 型硅 　　　　D—P 型硅 三极管 　　　　A—PNP 型锗 　　　　B—NPN 型锗 　　　　C—PNP 型硅 　　　　D—NPN 型硅	P　普通管 V　微波管 W　稳压管 Z　整流管 S　隧道管 U　光敏管 K　开关管 C　变容管 X　低频小功率管 G　高频小功率管 A　高频大功率管 D　低频大功率管 T　可控整流管	在前三部分相同的情况下，序号仅表示某些性能上的差异

3. 二极管的符号与极性识别

（1）二极管的符号。在电路中二极管的符号用三角形及通过三角形中线的短直线构成，三角形一侧为二极管的正极，短直线方向为二极管的负极，如图 1—57 所示。

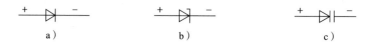

图 1—57　二极管的符号

a）普通二极管　b）稳压二极管　c）变容二极管

二极管用字母"V"或"VD"表示。

（2）二极管的极性判断

1）根据标志识别。玻璃封装的二极管其外壳一般印有色点来作为极性标志，印有红色点的一端表示二极管的正极。也有印白色点为标志的，不过它表示二极管的负极。塑料封装及金属封装的一般印有二极管图形符号为标志，图形符号的正极一端表示二极管的正极。

2）标志不清时，对于整流二极管可利用干电池小灯泡识别，如图 1—54 所示，小灯泡亮，干电池的正极所接二极管的一端为二极管的正极。对于点接触型二极管，不可用此法判断极性。

3）标志不清时，用指针式万用表 Ω 挡判断。将指针式万用表调至 $R \times 100$ 挡或 $R \times 1$ k 挡，红表笔插入万用表"＋"端，黑表笔插入万用表的"—"端或"＊"端。由于红表笔接的是万用表内部电池的负极，而黑表笔接的是万用表内部电池的正极。二管极正向接通电阻很小，表针偏转角度大。此时黑表笔所接二极管的一端为二极管的正极，红表笔所接二极管的一端为二极管的负极。再将万用表的表笔颠倒，由于二极管的反向电阻很大，所以表针偏转角度小。此时黑表笔所接的一端为二极管的负极，而红表笔所接的一端为二极管的正极。

4. 二极管的主要参数及使用

（1）二极管的主要参数。由于二极管的种类繁多，所以使用要求也不一样。因此使用前必须了解二极管的主要参数。二极管有很多主要参数，其中四个参数在选择时是必须关注的。

1）最大整流电流。也叫最大正向电流，它是指在一定温度下，允许长期通过二极管的平均电流的最大值。在实际应用中，通过二极管的平均电流不能超过这个值。当温度高时应减小最大电流值。为降低温度，需要给大功率二极管安装散热片，以防止二极管烧坏。

2）最高反向工作电压。它是二极管反向所能承受的最高直流电压值。它反映了二极管反向工作的耐压程度。使用的时候反向工作电压不要超过这个值，否则有被击穿的危险。一般手册上给出的最高反向工作电压是击穿电压的一半。

3）最高反向工作电压下的反向漏电电流。它是指二极管在一定温度下加上最高反向工作电压之后出现的反向漏电电流。温度越高，漏电电流越大，P－N结温度也就越高，所以漏电电流值越小越好。

4）最高工作频率。它是二极管能起到单向导电作用的最高频率。超过该频率，二极管就不能正常工作。

（2）二极管的使用。将交流电转换成直流电的过程称为整流。用来完成整流的器件种类很多，如真空二极管整流器、机械整流器、半导体整流器等。二极管整流器已得到广泛使用。现就常用的二极管整流的三种整流方式介绍如下：

1）半波整流。这是一种最简单的整流方式，如图1—58所示，只用一个半导体二极管担任整流。

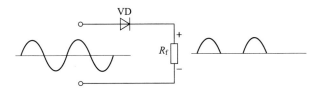

图1—58　半波整流

当输入整流器的交流电处在正半周时，二极管导通，在负载电阻 R_f 上获得上正下负的电压。当交流电处在负半周时，二极管截止负载电阻 R_f 上没有电压。因此在负载电阻 R_f 上便得到一个脉动直流电。由于交流电只有半周被利用，所以称这种整流方式为半波整流。

2）全波整流。它是由两个二极管组成的整流装置。如图1—59所示，当交流电在正半周时 VD_1 导通，负载电阻 R_f 得到的电压是上正下负；当交流电在负半周时 VD_2 导通，负载电阻 R_f 得到的电压仍是上正下负。这样在负载电阻 R_f 上便得到方向固定不变的全波脉动电压。要使全波整流正常工作，就要使两个波形正好相反而大小完全相同的交流电源，分别加在两个半波整流管两端，才能使负载电阻 R_f 上得到连续不断的全波脉动电流。全波整流比半波整流好，电流的脉动成分少。但全波整流器需要两个对称的交流电源，使用的变压器必须在二次绕组上设中间抽头，因此制作比较麻烦。

3）桥式全波整流。它是把四个二极管组合成桥式电路，对交流电全波整流，所以称为桥式全波整流器，如图1—60所示。

第**1**章　电工基础知识

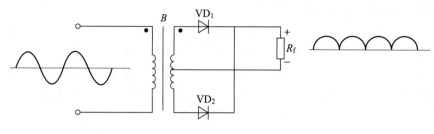

图 1—59 全波整流

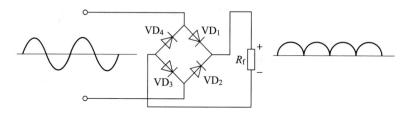

图 1—60 桥式全波整流

当输入端接入交流电后，正半周 VD_1、VD_3 导通，负载电阻 R_f 上正下负；负半周 VD_2、VD_4 导通，负载电阻 R_f 仍然是上正下负。VD_1、VD_3 导通时 VD_2、VD_4 截止，VD_2、VD_4 导通时 VD_1、VD_3 截止，因此在 R_f 上获得上正下负的全波脉动直流电。交流电的两个半周都得到了充分利用。

（3）二极管的检波作用。音频范围很低，为 20 Hz～20 kHz，因此传送距离受限。为了远距离传送，广播电台先将声波变成音频电信号，然后再和高频信号叠加在一起，让高频信号的振幅随音频信号变化而变化。这种叠加过程通常称为"调幅（AM）"。调制后的高频信号又称为调幅波。当收音机接收到调幅波后必须经"解调"电路，将高频调幅信号转换成音频电信号送入放大器，经喇叭振荡还原出原有的声音。该"解调"电路就是检波电路，如图 1—61 所示。

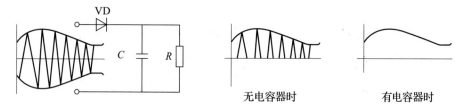

无电容器时   有电容器时

图 1—61 检波电路

检波电路由半导体二极管 VD、电容器 C 及电阻 R 组成。二极管的工作原理同半波整流器一样，将正半周通过，负半周截止；电容器 C 起滤波作用，将高频的电波滤掉，保留音频信号的波幅，这样在电阻 R 上便得到了一个完整的音频电信号。

（4）二极管的稳压作用。二极管反向击穿后，击穿电压不随击穿电流变化而变化。因此可以设计成稳压二极管，使它工作在反向击穿状态。

不同的稳压二极管差异很大，因此选择时应注意以下两点。

1）稳定电压值。它是指稳压二极管的 P－N 结反向击穿时二极管两端的电压。它能使这个电压值几乎不变。

2）最大稳压电流值。它是指稳定电压作用时，允许流过 P－N 结的最大反向电流值。实际使用时不许超过这个最大稳压电流值，否则会产生热击穿，烧坏稳压管。

三、三极管

P－N 结具有单向导电性能。如果在 P 型半导体两侧各结合一块 N 型半导体可组合成 N－P－N 型晶体三极管，或者在 N 型半导体两侧各结合一块 P 型半导体可组合成 P－N－P 型晶体三极管。在每一种半导体上各引出一根导线，并用管壳封装，就成了半导体三极管。这样三极管就由两个 P－N 结和三个区构成，如图 1—62 所示，两边的两个区分别为发射区、集电区，而中间的一个区为基区。发射区与基区之间的 P－N 结为发射结，集电区与基区之间的 P－N 结为集电结。发射区是发射载流子的，集电区是收集载流子的，而基区是控制发射结、集电结载流子通过的。各区的引线分别为：发射极，用字母 e 表示；集电极，用字母 c 表示；基极，用字母 b 表示。

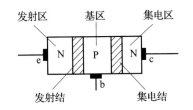 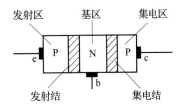

图 1—62 三极管

1. 三极管的分类

（1）按外形分类

1）陶瓷环氧封装超小型管。这种三极管以陶瓷作为基片，其上附以管芯，外面用环氧树脂封装。它的特点是体积特别小。缺点是散热差、引线易折断。

2）塑料封装型。将做好的管芯涂以保护涂料固化后，外面用硅酮塑料膜压成型。它的优点是体积小、质量轻、绝缘强度高、防潮性能好。

3）金属外壳小中功率半导体管。这类三极管的管芯用金属外壳封装，为圆柱形而且带有边沿。该管坚固可靠，散热性能好。对于超高频三极管，外壳接地后还可以起到屏蔽作用。

4）金属外壳大功率半导体管。为了有较好的散热效果大功率三极管采用金属壳封装，且外壳一般做得大而厚，以利于安装散热器。

（2）按使用材料分类。基材为锗材料的三极管为锗管，基材为硅材料的三极管为硅管。

（3）按制造工艺分类。按制造工艺分有合金管、平面管。

（4）按 P－N 结分类。按 P－N 结分有 P－N－P 型、N－P－N 型两种。

（5）按最大耗散功率分类。按最大耗散功率分有小功率三极管、中功率三极管及大功率三极管。

（6）按工作频率分类。按工作频率分有低频管、高频管和超高频管。

（7）按用途分类。按用途分有放大管和开关管等。

2. 三极管的命名及主要参数

（1）三极管的命名。国产三极管按国家统一命名规则，见表1—2。例：3AX31中的"3"表示三极管；"A"表示锗材料P−N−P型；"X"表示低频小功率管；"31"表示排列序号。

（2）三极管的主要参数

1）电流放大系数。晶体管集电极电流 I_c 与基极电流 I_b 之比称为共发射极直流电流放大系数，或静态电流放大系数，晶体管手册中常用 h_{FE} 表示。

$$h_{FE}=I_c/I_b$$

晶体管集电极电流变化量 ΔI_c 与基极电流变化量 ΔI_b 的比值，称为共发射极交流放大系数，或动态电流放大系数，晶体管手册中常用 h_{fe} 表示。

$$h_{fe}=\Delta I_c/\Delta I_b$$

万用表上设 h_{FE} 挡，用于测量三极管直流放大系数。一般小功率三极管的 h_{FE} 值为20～200。

2）集电极基极反向电流 I_{cbo}。它是发射极开路时，集电极与基极之间加上规定的反向电压时的反向电流，如图1—63所示。

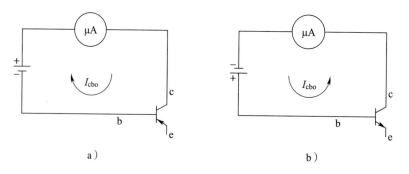

图1—63　集电极基极反向电流

a）P−N−P型　b）N−P−N型

I_{cbo} 反映集电结的好坏，值越小越好。在常温下，小功率锗管的 I_{cbo} 一般都在几十微安以下，而硅管在 $1\ \mu A$ 以下。

3）集电极发射极反向电流 I_{ceo}。它是基极开路时，集电极与发射极之间加反向电压时的反向电流，又叫作穿透电流，如图1—64所示。

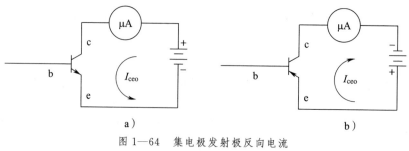

图1—64　集电极发射极反向电流

a）N−P−N型　b）P−N−P型

$I_{ceo} = (h_{FE}+1) I_{cbo}$。$I_{cbo}$ 大的管子，耗损大，受温度影响大，工作不稳定。在常温下小功率锗管的 I_{ceo} 一般在几百微安以下，而小功率硅管在几微安以下。

4）集电极最大允许电流 I_{cm}。如集电极电流过大，电流放大倍数就要下降。一般把 h_{fe} 值下降到一定程度时的集电极电流叫作集电极最大允许电流。

5）集电极发射极击穿电压 BV_{ceo} 和 BV_{cer}。集电极发射极之间加上的反向电压太高，晶体管就会被击穿。BV_{ceo} 是指基极开路时集电极发射极反向击穿的电压。BV_{cer} 是指基极和发射极之间有电阻时集电极发射极反向击穿电压。一般来说，$BV_{cer} > BV_{ceo}$。当温度升高时，击穿电压下降。因此，实际使用时加在晶体管集电极发射极上的电压 U_{ce} 要小于 BV_{ceo}，取 BV_{ceo} 的二分之一以下比较安全。

6）集电极最大允许耗散功率 P_{cm}。晶体管工作时，在集电结上要消耗一定的功率，耗散的功率越大，集电结的温度就越高。根据晶体管允许的最高温度，定出集电极最大耗散功率。在应用时，注意集电极实际耗散功率要小于集电极最大耗散功率，也就是说 $U_{ce} I_C < P_{cm}$。小功率管的 P_{cm} 在几十毫瓦到几百毫瓦之间，大功率管在 1 瓦以上。P_{cm} 是由允许的结温决定的，为了提高 P_{cm}，大功率管一般都安装散热器。

7）特征频率 f_t。由于结电容的影响，电流放大系数会随工作频率的升高而下降，频率越高，放大倍数下降越严重。特征频率 f_t 是当 h_{fe} 下降到 1 时的频率。也就是当频率升高到 f_t 的时候，晶体管失去放大能力。f_t 的大小反映了晶体管频率特性的好坏。在高频电路中，要选特征频率较高的管子。特征频率一般比工作频率高 3 倍以上。

3. 三极管的简易测量及应用

（1）三极管脚的判别

1）管脚排列规律。常用的中、小功率三极管的管脚有三种排列方法。一种是按等腰三角形排列，三极管的三个引出极排列成一个三角形。鉴别时把管脚朝上，使三角形在上半个圆内，顺时针从左到右 e、b、c，如图 1—65a 所示。这样排列方式的三极管有 3AG1～24、3AX21～24、3AX31 等。

另一种排列方式是在管壳外沿上有凸出部，由凸出部顺时针方向读 e、b、c，如图 1—65b 所示。此排列方式的有金属封装的 3DG6、3DG12、3DK3～4、3CG3～5 等。

还有一种一字形排列的三极管。它分为等距一字形和不等距一字形，如图 1—65c 所示。等距的管壳有色点表示为三极管的 c 极，由远到近的顺序为 e、b、c，不等距的中间脚为 b 极，与 b 近的为 e 极，离 b 远的为 c 极。

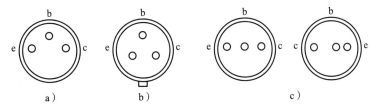

图 1—65　管脚排列方式

并不是所有的三极管都按上述方法排列。使用时还要查看晶体管手册或用万用表判别。

2）指针式万用表判别法。用万用表 $R \times 100$ 挡或 $R \times 1 k$ 挡先判别出基极，剩下的就是发射极和集电极了。

①基极与管型的判别。用万用表 $R \times 100$ 挡或 $R \times 1 k$ 挡。首先假定三个管脚中某一管脚为基极，接万用表的红表笔，万用表的黑表笔再分别接另两个脚，阻值都较大或较小。如不是这样另换一管脚再试。直到得出上述结果后，那么红表笔所接的管脚为该管基极。

基极判定后，如果是红表笔接在基极上，黑表笔分别对另两管脚测试，如阻值都很小，该管是 PNP 型，如阻值都很大，该管是 N—P—N 型。

②集电极与发射极的判别。设该管为 N—P—N 型，在确定了基极后，以万用表红、黑表笔各接另外两极，另以一只 $1 \sim 10 k\Omega$ 的电阻搭在黑表笔与基极之间。如果阻值大幅度减小，则黑表笔接的是集电极，红表笔接的是发射极；如果阻值无太大变化，则红黑表笔对调再试即可。设该管为 P—N—P 型，则电阻搭于红表笔及基极之间电阻大幅下降，则红表笔所接为集电极，黑表笔所接为发射极。

（2）三极管的应用。如果把 P—N—P 型三极管按图 1—66 那样接入电路，基极、发射结加正向电压，集电结加反向电压，三极管就能起到放大作用。也就是说晶体三极管处于放大状态就必须满足发射结正向偏置、集电结反向偏置。

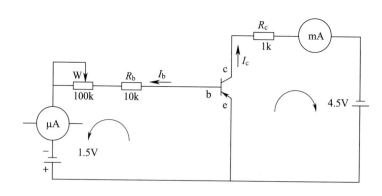

图 1—66 晶体三极管放大原理

调节电位器 W，从微安表和毫安表的读数可以看到，如基极电流 I_b 有微小变化，集电极电流 I_c 就有较大变化，这就是三极管的放大作用。如果基极电流 I_b 从 10 μA 变化到 20 μA，集电极电流 I_c 从 1 mA 变化到 2 mA。基极电流变化量 ΔI_b 是 0.01 mA，而集电极电流变化量 ΔI_c 是 1 mA。集电极电流变化量 ΔI_c 是基极电流变化量 ΔI_b 的 100 倍。这里需要说明的是，三极管本身不会产生能量，所谓放大只不过是用基极较小的电流控制了集电极较大的电流，能量还是来自电源。

放大作用是三极管的基本特性。利用这个特性可以组成各种各样的放大电路。这样的放大电路又称为模拟电路。三极管既然能用基极电流控制集电极电流的大小，也就可以控制集电极电流的"有""无"，因此它可以起到开关作用，而利用开关作用组成的电路就是数字电路。

现在就其放大作用讲一下三极管的三种基本放大电路。作为电路，有输入端就有输出端，三极管只有三端，即 e、b、c 三极，因此，只能有一个管脚作为公共端，既是输入端也是输出端。哪一个极是公共端，该电路就称为共×极电路。这样三极管的基本放大电路就有以下三种，如图 1—67 所示。

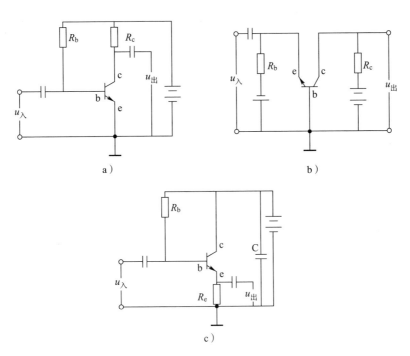

图1—67　三极管的基本放大电路

a）共发射极电路　b）共基极电路　c）共集电极电路

1）共发射极电路。如图1—67a所示，当基极输入一个较小的交流电流，在集电极上就产生一个比输入电流大很多倍的集电极交流电流。该电流通过集电极电阻 R_c 时，在集电极与发射极之间就会产生一个较高的电压 $u_出$。所以共发射极电路的电压放大倍数很大，相应地，它的功率放大倍数也较大。在三种电路中它是一种基本电路。

2）共基极电路。如图1—67b所示，将输入信号从发射极与基极输入，由基极与集电极输出。由于集电极电流略小于发射极电流，所以输入的发射极电流 I_e 没有得到放大，它的放大倍数等于1。这种电路除在超高频电路中应用外，一般电路不多使用。

3）共集电极电路。如图1—67c所示，信号从晶体管的基极与集电极输入，从基极与发射极输出。当基极输入较小的交流电流 I_b 时，在发射极便可输出大于输入电流很多倍的发射极电流 I_e，所以它是一种电流放大电路。但它的输出电压变化不大，它将随着输入电压的变化而变化，故共集电极电路又称为射极跟随器。

共集电极电路有输入阻抗高、输出阻抗低的特点，在某些放大电路中常用作阻抗变换器。

（3）三极管使用一般要求

1）合理选择三极管。由于用途不同应特别注意对它的选择。

①电流放大倍数的选择，应考虑前级与后级的关系，如在功放电路中的前置管放大倍数应小一些，太大会造成严重失真。在对称电路中，如乙类放大电路和差分电路等，不仅要求放大倍数大小相同，而且要求集电极与发射极之间的穿透电流 I_{ceo} 也要尽量相同。否则也会造成严重失真。根据国产三极管特性选择范围应在40～200倍间为宜。

②频率参数的选择主要取决于实际工作频率，只要能满足需要，比实际工作频率略高一些就可以。不要刻意追求高频率，一般三极管特征频率比实际工作频率高3倍以上为宜。

第**1**章　电工基础知识

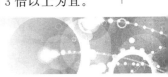

③最大反向击穿电压的选择。最大反向击穿电压是当某一极开路时，加在另两极之间的最大反向电压，如基极开路时加在集电极与发射极之间的最高反向电压 BV_{ceo}，集电极开路时加在发射极与基极之间的最高反向电压 BV_{ebo}。小功率的三极管的最大反向击穿电压能大于电源电压就可以了。有些电路应注意，如负载为感性，易产生反电动势，因此，选择三极管时 BV_{ebo} 应比信号电压高出 2 倍左右。对某些脉冲电路则要求更高，约为 10 倍。

④集电极最大耗散功率 P_{cm} 的选择，要根据三极管的用途考虑。一般前置放大级由于功率很小，所以不必考虑，但对于功放就选择大一些。使用较大的耗散功率及三极管的放大倍数，不但不会因温度影响造成管子的损坏，还可以保证输出失真度不致太大。

⑤稳定性的选择，应选择集电极与发射极穿透电流小的，温度变化小的。

2）使用三极管的注意事项

①焊接。将管脚插入印制电路板后，用镊子夹住管脚以利散热。用低熔点焊锡及助焊剂（或松香加酒精配制）焊接，不要用焊锡膏。焊接应迅速，一般一个焊点不超过 3 s。焊接前最好先在管脚及线路板上搪上锡。管脚长度及弯曲处离管壳都不应小于 10 mm。应先焊基极、发射极，再焊集电极。拆下时顺序相反。

②焊接后，应检查三极管的三个管脚间以及和其他元件间有无短接。

③功放管应远离热源，需要加散热器的必须按要求装上散热器。

④对于超高频三极四脚管，如 3 DG79B，除 e、b、c 外，还有一只 g 管脚，它与外壳相接为防止高频自激，应接地。

第2章

常用电工仪表

本章主要介绍常用电工仪表分类、工作原理，以及常用电工仪表的使用。监督电力系统和各种各样的电气设备、元器件的运行状态，判断它们性能的好坏，对故障进行检查、排除，都离不开电工测量仪表。正确、快捷使用电工测量仪表是电工的基本专业技能。

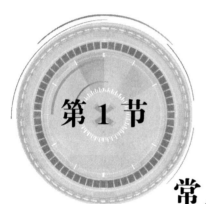

第 1 节

常用电工仪表概述

一、常用电工仪表的分类和工作原理

1. 分类

（1）按照仪表的工作原理，可分为磁电式仪表、电磁式仪表、电动式仪表、整流式仪表、感应式仪表、数字式仪表等。

（2）按照仪表的测量内容（即测量对象），可分为电压表、电流表、电能表、功率表、功率因数表等。

（3）按照被测电流的性质，可分为直流电表（简称直流表）和交流电表（简称交流表）。除了直流表和交流表以外，还有一种交流直流两用表。

（4）按照仪表的安装方式，可分为安装式仪表和便携式仪表。

（5）按照仪表的使用方式，可分为垂直安装仪表和水平使用仪表。

（6）按照仪表的准确程度，可以划分成七个等级。

2. 电工仪表的基本结构

常用电工仪表的结构可分成以下几个部分。

（1）测量机构。这是仪表的核心部分，任何一种测量仪表都不能缺少这一部分。

（2）指示机构。它是仪表的显示部分。最常见的指示机构采用类似钟表的形式，通过指针和刻度盘来显示被测量的数值。还有一类电工仪表，用数码管作为指示机构，直接把被测量的数值变换成十进制数字信息，这一类电工仪表称为数字式仪表。

（3）反作用机构。反作用机构配合指示机构工作，最常见的反作用机构由弹簧构成。

（4）阻尼机构。它的作用是在测量时，让仪表的指针尽快地停止在稳定位置。没有这一部分，仪表在工作时，指针就会摆动不止，影响测量工作。

上面介绍的这几个机构是常用电工仪表的基本组成部分。还有一些电工仪表结构比较特殊，例如电能表，在下面介绍这些仪表时，再作说明。

3．仪表的工作原理

仪表的工作原理决定了仪表的性能、适用场合、价格等，是选择仪表的基本依据。工作原理不同的仪表，测量原理和测量机构的结构也不相同。

（1）磁电系仪表。通电导体在磁场中会因受力而运动，而且电流越大，受力也越大。利用这样一种电磁现象制造的仪表称为磁电系仪表。

磁电系仪表的突出特点是灵敏度和准确度都很高。然而它只能测量直流量，不能测量交流量。磁电系仪表主要用来制作直流电流表和电压表。

（2）电磁系仪表。电磁系仪表中，磁场不是由永久磁铁建立的，而是由通电线圈建立的。线圈中的电流越大，产生的磁场也越强，对铁的吸引力也越大。

与磁电系仪表相比，电磁系仪表的准确度和灵敏度都比较差，但是，它能够测量交流量，而且价格便宜。因此，在对于准确度要求不是很高的情况下，电磁系仪表有着广泛的应用。

（3）电动系仪表。电动系仪表可以看成是由磁电系仪表演变而来的。

电动系仪表的应用不如前面介绍的两种仪表广泛，例如，测量电功率的功率表，就属于电动系仪表。

（4）整流系仪表。磁电系仪表加装整流装置，使得交流电通过整流变成直流电，磁电系仪表也就变成了能够测量交流量的仪表。这种加上了整流装置的磁电系仪表称为整流系仪表。

（5）感应系仪表。常见的电能表即为感应系仪表。感应系仪表的工作原理比较复杂，本书不作介绍。

二、仪表的准确度

仪表的准确度用来说明仪表的准确程度。仪表的准确度越高，测量的误差就越小。通常，仪表的准确度分成七个等级，分别是 0.1 级、0.2 级、0.5 级、1 级、1.5 级、2.5 级、5.0 级。数值越大，测量误差也越大，准确度就越低。一般选用 1～2.5 级仪表。

三、仪表的常用符号

电工仪表行业规定了许多仪表的文字符号和图形符号，每一个符号都反映了该仪表的某一项性能或者特点。表 2—1 和表 2—2 列出了部分电工仪表的常用符号。

表 2—1　　　　　　　　　　　电工仪表常用测量单位符号

名称	符号	名称	符号	名称	符号	名称	符号
千安	kA	兆欧	MΩ	兆瓦	MW	毫特	mT
安培	A	千欧	kΩ	千瓦	kW	法拉第	F
毫安	mA	欧姆	Ω	瓦特	W	微法	μF
微安	μA	毫欧	mΩ	兆赫	MHz	皮法	pF
千伏	kV	微欧	μΩ	千赫	kHz	亨利	H

第❷章　常用电工仪表

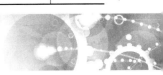

续表

名称	符号	名称	符号	名称	符号	名称	符号
伏特	V	相位角	φ	赫兹	Hz	毫亨	mH
毫伏	mV	功率因数	$\cos\varphi$	韦伯	Wb	微亨	μH
微伏	μV	库仑	C	毫韦伯	mWb		

表 2—2   **电工仪表常用图形符号**

符号	名称	符号	名称
	磁电系仪表		I 级防外电场（例如静电系）
	磁电比率表		I 级防外磁场（例如磁电系）
	电磁系仪表	II II	II 级防外磁场及电场
	电磁系比率表	III III	III 级防外磁场及电场
	电动系仪表	IV IV	IV 级防外磁场及电场
	感应系仪表	☆0	不进行绝缘强度试验
	静电系仪表	☆2	绝缘强度试验电压为 2 kV
	整流系仪表	△c	C 组仪表
——	直流表	1.5	以标度尺量限百分数误差表示的准确度等级，例如 1.5 级
~	单相交流表	1.5 ∨	以标度尺长度百分数误差表示的准确度等级，例如 1.5 级
≃	交直流两用	(1.5)	以指示值百分数误差表示的准确度等级，例如 1.5 级
≋	三相交流	⊥	表盘位置应为垂直放置（安装）
△A	A 组仪表	⌐	表盘位置应为水平放置（安装）
△B	B 组仪表	∠20°	表盘位置应与水平面倾斜成一角度，例如 20°

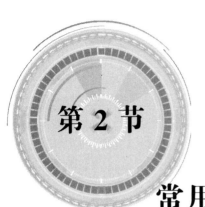

第2节

常用电工仪表的使用

一、电流表

1. 直流电流的测量

测量直流电流时，用磁电系电流表。

测量直流小电流（一般75 A及以下的电流）时，要将电流表串联接入被测电路，同时要注意仪表的极性和量程。如图2—1所示。如果电流表错接成并联会造成电路短路，并烧毁电流表。

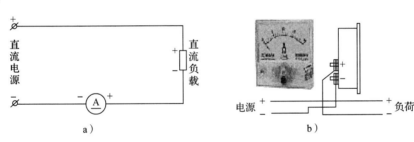

图 2—1　直流小电流的测量

a）直流小电流的测量原理图　b）实物接线示意图

测量直流大电流时，用带有分流器的仪表测量，应将分流器的电流端钮（外侧两个端钮）接入被测电路中，如图2—2所示，电流表应接在分流器的电位端钮（内侧两个端钮）上。

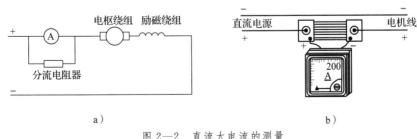

图 2—2　直流大电流的测量

a）直流大电流的测量原理图　b）实物接线示意图

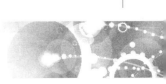

第❷章　常用电工仪表

注意：在测量较高电压电路的电流时，电流表应串联在被测电路中的低电位端，以免危及操作人员的安全。

2．交流电流的测量

测量交流电流时，用电磁系电流表。

测量交流小电流时，要将电流表串联接入被测电路，如图 2—3 所示，可以允许通过的最大电流为 200 A。

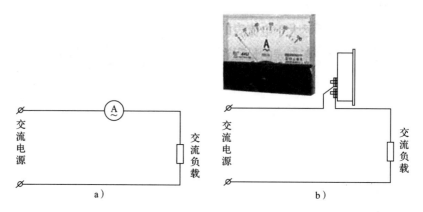

图 2—3　交流小电流的测量

a）交流小电流的测量原理图　b）实物接线示意图

如果要测量几百安培以上的交流大电流时，还需用电流互感器 TA 来扩大量程，如图 2—4 所示。

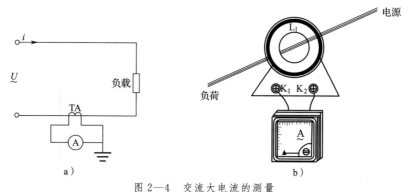

图 2—4　交流大电流的测量

a）交流大电流的测量原理图　b）实物接线示意图

二、电压表

1．直流电压的测量

电压表是用来测量电源、负载或线路电压的仪表。由于电压表一般测量时直接与被测电路并联，因此，电压表必须具备较大的内阻，否则通过表头的电流过大，会使仪表烧毁，影响被测电路的正常工作状态，而且仪表的测量误差也会增大。所以，要求电压表的内阻远远大于电流表的内阻，而且电压表内阻越大越准确，可测量的电压越高，表的量程也越大。电压表的接线如图 2—5 所示。

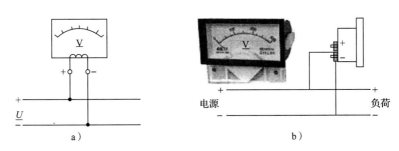

图 2—5　直流电压的测量

a）直流电压的测量原理图　b）实物接线示意图

使用磁电系电压表测量直流电压时，应注意电压表接线端钮上的"＋"极性标记接入被测电路的高电位端，将接线端钮上的"－"极性标记接入被测电路的低电位端，以免指针反向偏转。

2．交流电压的测量

（1）交流低电压的测量。在测量交流低电压时，主要用电磁系和铁磁系测量仪表。测量低压交流电相电压（220 V）时，应选用 0～250 V 的电压表；测量线电压（380 V）时，应选用 0～450 V 的电压表。测量时，电压表应与被测电路并联，如图 2—6 所示。在低压配电系统中，常用一个转换开关带一块电压表测量三相交流电压和三块电流表测量三相线电流，如图 2—7 所示。

（2）交流高电压的测量。测量高电压时，必须采用电压互感器。电压表的量程应与互感器二次额定值相符，一般电压为 100 V，如图 2—8 所示。

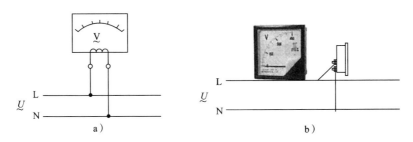

图 2—6　交流低电压的测量

a）交流低电压的测量原理图　b）实物接线示意图

三、钳形电流表

1．钳形电流表的结构

钳形电流表的结构如图 2—9 所示。

2．两用钳形电流表

两用钳形电流表如图 2—10 所示。

两用钳形电流表具有测量电流和电压的功能，所以表头上标有"V－A"字样。它设有挡位开关，电流测量有 10 A、50 A、250 A、1 000 A 几挡；电压测量有 300 V、600 V 几挡。当挡位开关拨至"V"，黑表笔置于"＊"字样插座，红表笔置于"300 V"，即可测220 V 单相交流电；红表笔置于"600 V"，可测量三相电压 380 V。平时，量程开关置于"1 000 A""V"处。测电流时，将表笔卸下。

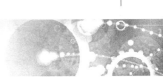

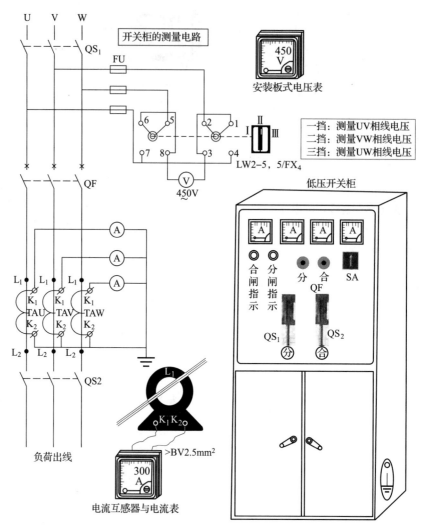

图 2—7 低压配电系统中电压、电流的测量

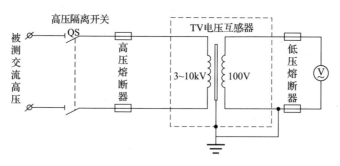

图 2—8 交流高电压的测量

3. 三用钳形电流表

三用钳形电流表如图 2—11 所示，它不仅能测量电流，还可测量电压、电阻。它右侧的拨动式量程开关有三挡，即电流挡、电压挡、电阻挡。三用钳形电流表的使用方法：测交流电流时按钳形电流表的测量方法操作，测电阻、电压时按万用表的测量方法操作。

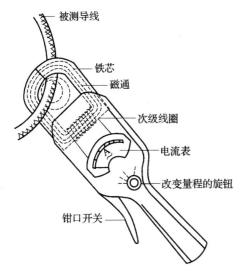

图 2—9 钳形电流表的结构

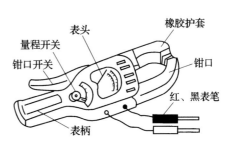

图 2—10 两用钳形电流表

4. 钳形电流表的使用

钳形电流表可以在不断开被测线路的情况下（也就是可以不中断负载运行）测量线路上的电流。

（1）测量前的准备

1）外观检查：不应有影响其正常使用的缺陷，尤其要注意，钳口闭合应严密，其铁芯部分应无锈蚀，无污物。

2）指针式钳形电流表的指针应指"0"，否则应调整。

3）估计被测电流的大小，选用适当的挡位。选挡位的原则是：选择大于被测值且又和它接近的那一挡。

（2）测量时，张开钳口，使被测导线进入钳口内，如

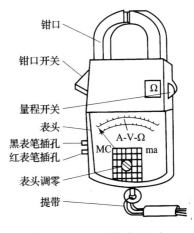

图 2—11 三用钳形电流表

图 2—12a 所示。闭合钳口，表针偏转，即可读出被测电流值。读数前应尽可能使钳形电流表表位放平。还应注意，若钳形电流表有两条刻度线，读数时要根据挡位值在相应的刻度线上读取，如图 2—12b 所示。

1）测量三相三线电路的两条相线。如果测量三相三线负载（如三相异步电动机）的电流时，同时钳入两条相线，则指示的电流值应是第三条线的电流，如图 2—12c 所示。

2）测量三相四线电路的三条相线。如果测量三相三线负载（如三相异步电动机）的电流时，同时钳入三条相线，则指示的电流值应近似为零，如图 2—12d 所示。

若是在三相四线系统中，同时钳入三条相线测量，则指示的电流值应是工作零线上的电流值。

3）测量小电流，又要减小误差的方法。如果导线上的电流太小，即使置于最小电流挡测量，表针偏转角仍很小（这样读数不准确），可以将导线在钳臂上盘绕数匝（图 2—12e 所示为 3 匝）后测量，将读数除以匝数，即是被测导线的实测电流值。

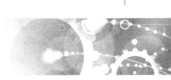

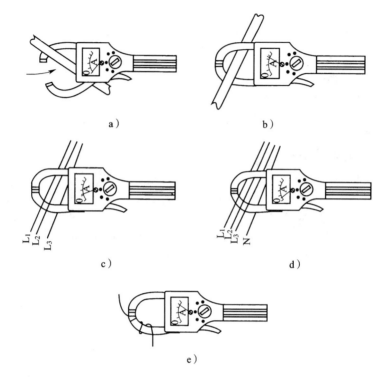

图 2—12　钳形电流表的使用

四、万用表

1. 指针式万用表

（1）指针式万用表的结构。指针式万用表的结构如图 2—13 所示。

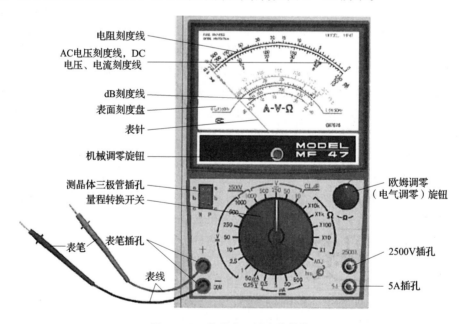

图 2—13　指针式万用表的结构

（2）指针式万用表使用前的检查和调整

1）检查仪表外观，应完好无破损，表针应摆动自如，无卡阻现象。

2）功能、量程转换开关应转动灵活，指示挡位应准确。

3）平放仪表（必要时）进行机械调零，应使表针对准左侧起始"0"刻度线，如图2—13所示。

4）测电阻前应进行欧姆调零（电气调零）以检查电池电压容量，表针指不到右侧欧姆"0"刻度线时应更换电池，如图2—14所示。

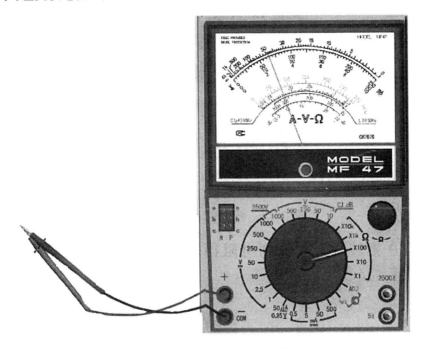

图 2—14　欧姆调零（电气调零）

5）表笔测试线绝缘应良好，黑表笔插负极"—"或公用端，红表笔插正极"＋"或相应的测量孔。

6）用电阻挡检查表笔测试线应完好，无断线或接触不良。

7）测量大电流时红表笔插入 5 A 插孔，测量交流高电压时红表笔插入 2 500 V 插孔。

（3）用指针式万用表测量电阻。用指针式万用表测量电阻的要领如下：

测电阻，先调零；

断开电源再测量；

手不宜接触电阻；

再防并接变精度；

读数勿忘乘倍数。

例 2—1　测量图 2—15 中 R_1 的电阻值。

1）把转换开关拨到电阻挡，合理选择量程，如图2—16所示。

2）将两表笔短接，进行电阻指针调零，即转动电阻调零旋钮，使指针打到电阻刻度右侧的"0"刻度线处，如图2—17所示。

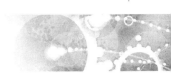

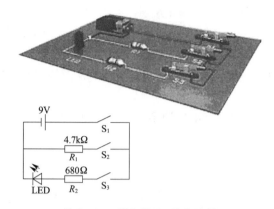

图 2—15　测电阻 R_1 的电路图

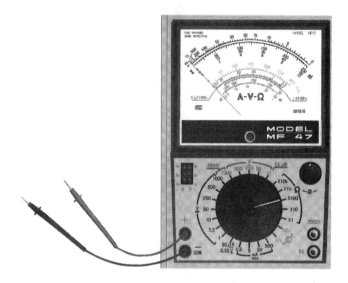

图 2—16　选择合适的电阻挡

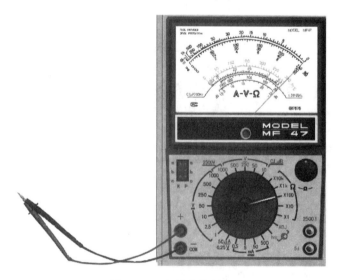

图 2—17　电阻指针调零

3）将被测电阻脱离电源，用两表笔接触电阻两端，用表头指针显示的读数乘所选量程的倍率数即得所测电阻的阻值。如图2—18所示，如选用"×100"挡测量，指针指示"47"，则被测电阻值为：

$$47 \times 100 = 4\ 700(\Omega) = 4.7\ (k\Omega)$$

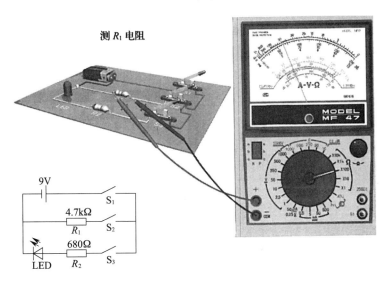

测 R_1 电阻

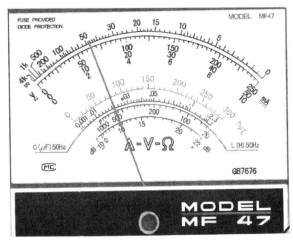

图2—18　实测电阻 R_1

例2—2　测量图2—19中 R_2 的电阻值。

1）把转换开关拨到电阻挡，合理选择量程，如图2—20所示。

2）两表笔短接，进行电阻指针调零，即转动电阻调零旋钮，使指针打到电阻刻度右侧的"0"刻度线处，如图2—21所示。

3）将被测电阻脱离电源，用两表笔接触电阻两端，用表头指针显示的读数乘所选量程的倍率数即得所测电阻的阻值。如图2—22所示，如选用"×10"挡测量，指针指示"68"，则被测电阻值为：

$$68 \times 10 = 680\ (\Omega)$$

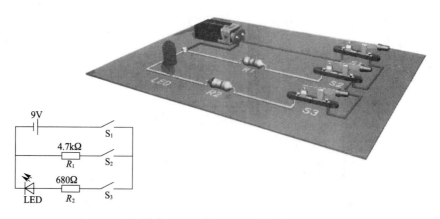

图 2—19　测电阻 R_2 的电路图

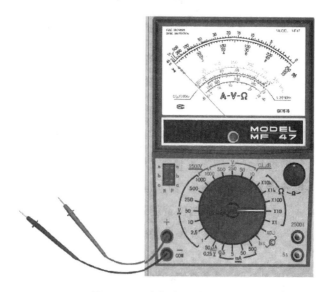

图 2—20　选择合适的电阻挡

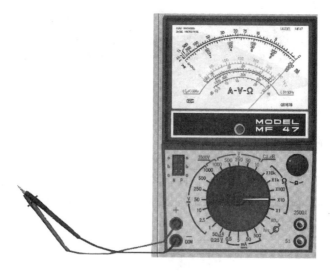

图 2—21　电阻指针调零

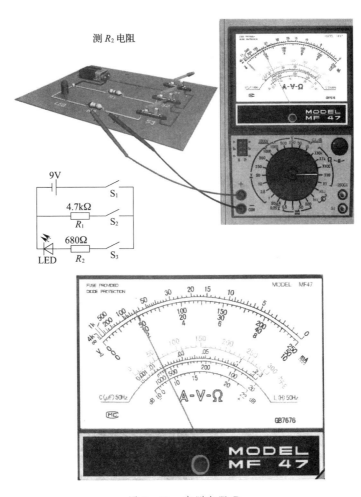

图 2—22 实测电阻 R_2

（4）用指针式万用表测量直流电压。用指式万用表测量直流电压的要领如下：

挡位量程先选好；

表笔并接路两端；

红笔要接高电位；

黑笔接在低位端；

换挡之前请断电。

例 2—3　测量图 2—23 中 R_2 两端电压。

1）把转换开关拨到直流电压挡，并选择合适的量程。当被测电压数值范围不清楚时，可先选用较高的测量范围挡，再逐步选用低挡，测量的读数最好选在满刻度的 2/3 处附近，如图 2—24 所示。

2）把万用表并接到被测电路上，如图 2—25 所示，红表笔接到被测电压的正极，黑表笔接到被测电压的负极，不能接反。

3）根据指针稳定时的位置及所选量程和所确定的倍率，正确读数，如图 2—26 所示，读数为 "6.8"，即 R_2 两端电压为 6.8 V。

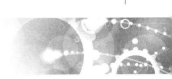

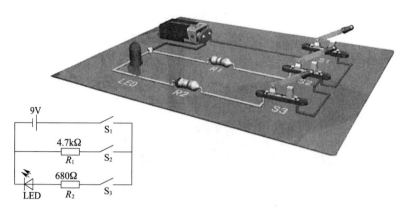

图 2—23　测电压的电路图

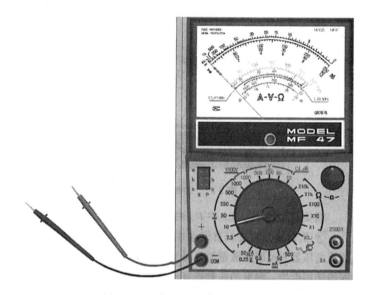

图 2—24　直流电压挡量程的选择

测 R_2 两端电压

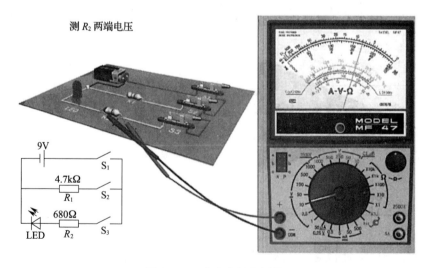

图 2—25　直流电压的测量

图 2—26　电压表读数

例 2—4　测量图 2—27 中 LED 两端电压。

图 2—27　测量 LED 两端电压的电路图

1）把转换开关拨到直流电压挡，并选择合适的量程。当被测电压数值范围不清楚时，可先选用较高的测量范围挡，再逐步选用低挡，测量的读数最好选在满刻度的 2/3 处附近，如图 2—28 所示。

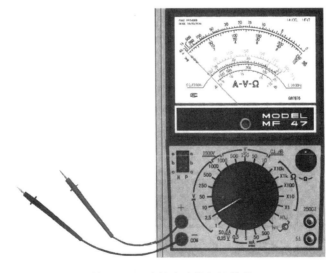

图 2—28　选择合适的电压量程

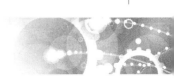

2）把万用表并接到被测电路上，如图 2—29 所示，红表笔接被测电压的正极，黑表笔接被测电压的负极，不能接反。

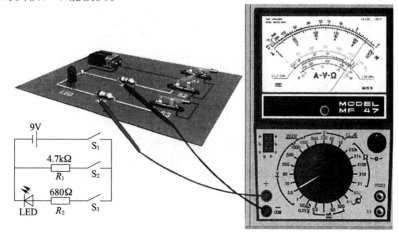

图 2—29　LED 两端电压的测量

3）根据指针稳定时的位置及所选量程和所确定的倍率，正确读数，如图 2—30 所示。

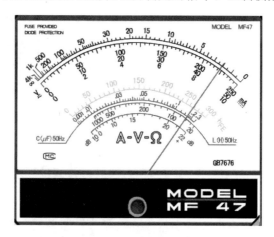

图 2—30　电压表的读数

　　读数＝（挡位值/满度值）×指示值＝倍率×指示值＝2.225（V）
　　即 LED 两端电压为 2.225 V。
　　（5）用指针式万用表测量交流电压。用指针式万用表测量交流电压的要领如下：

量程开关选交流；

挡位大小符要求；

表笔并接路两端；

极性不分正与负；

测出电压有效值；

测量高压要换孔；

勿忘换挡先断电。

例 2—5 测量插座两端电压。

1）把转换开关拨到交流电压挡，选择合适的量程，如图 2—31 所示。

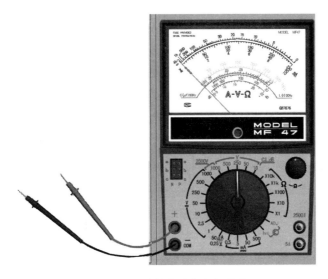

图 2—31 选择合适的电压量程

2）将万用表两根表笔并接在被测电路的两端，不分正负极，如图 2—32 所示。

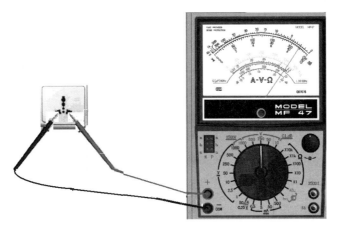

图 2—32 测量插座两端电压

3）根据指针稳定时的位置及所选量程，正确读数。其读数为交流电压的有效值，如图 2—33 所示，读数为"222.5"，即插座两端电压为 222.5 V。

（6）用指针式万用表测量直流电流。用指针式万用表测量直流电流的要领如下：

量程开关拨电流；

表笔串接电路中；

正负极性要正确；

挡位由大换到小；

换好挡后再测量。

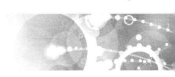

第**2**章 常用电工仪表

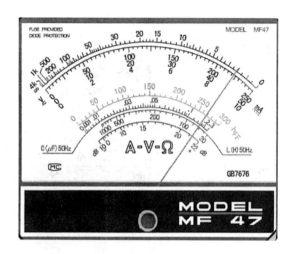

图 2—33　电压表读数

例 2—6　测量 R_2 支路电流，如图 2—34a 所示。

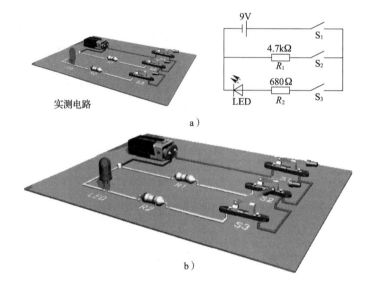

实测电路

a）

b）

图 2—34　测量 R_2 支路电流

1）断开被测量 R_2 支路，如图 2—34b 所示。

2）根据被测量电流大小选择合适的电流挡位，如图 2—35 所示。

3）将万用表串入被测电路，红表笔接电流流入端，黑表笔接电流流出端，指针稳定后读数，如图 2—36 所示，读得电流为 10 mA。

2．数字式万用表

（1）数字式万用表的结构。DT9205A 型数字式万用表的结构如图 2—37 所示。

（2）用数字式万用表测交流电压

1）将红表笔插入"VΩ"插孔，黑表笔插入"COM"插孔，如图 2—38 所示。

2）打开万用表电源开关，如图 2—39 所示。

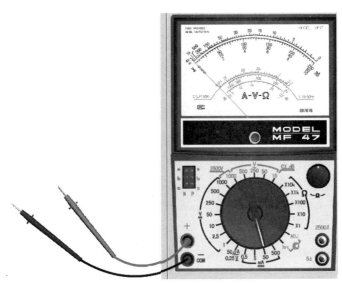

图 2—35　选择合适的电流挡位

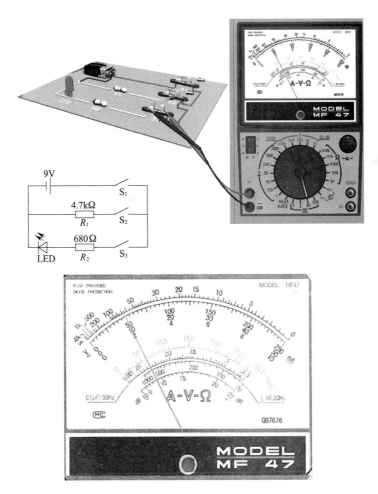

图 2—36　电流表的读数

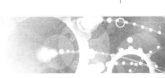

万用表电源
使用时处于"ON"状态；使用完毕，再按此键，使之弹起，处于"OFF"状态

LCD显示器
显示万用表的读数

①DCV:直流电压挡
②ACV:交流电压挡
③DCA:直流电流挡
④ACA:交流电流挡
⑤Ω:测电阻挡
⑥F:测量频率挡
⑦测量三极管h_{FE}参数挡
⑧测量二极管

三极管发光灯

CX插孔
①黑表笔插入"COM"插孔
②在测交、直流电压和电阻时，红表笔插头插入"VΩ"插孔
③测小电流时，红表笔插头插入"A"插孔

测电容孔
该插孔为电容测量时电容引脚插孔

三极管插孔
晶体管管脚插孔分为两组，分别供测量PNP型或NPN型三极管的h_{FE}时使用

④测大电流时，红表笔插头插入"20A"插孔

图 2—37 DT9205A 型数字式万用表的结构

图 2—38 表笔接线   图 2—39 打开万用表电源开关

3）将功能量程开关置于交流电压挡，如图 2—40 所示。

操作提示：

①挡位选定交流电压挡，当不知电压范围时，应从最大量程选起。

②万用表要并联在所测电路或元器件的两端。

③接通被测电路，如图 2—41 所示。

④将表笔并联到待测电源或负载上，从显示器上直接读取电压值，交流电压显示的是有效值。3、4 端子两端的电压为 10.00 V，如图 2—42a 所示；6、7 端子两端的电压为 6.20 V，如图 2—42b 所示。

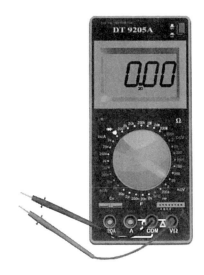

图 2—40　转换开关挡位选择

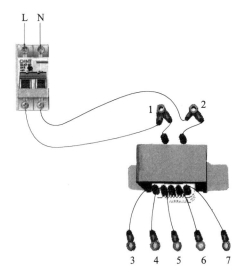

图 2—41　接通被测电路

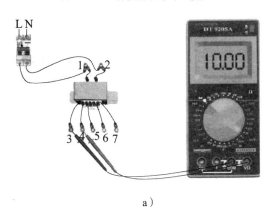

a)

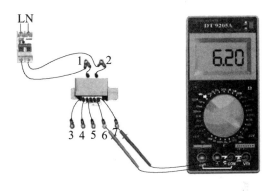

b)

图 2—42　实际测量交流电压

（3）用数字式万用表测直流电压

1）将红表笔插入"VΩ"插孔，黑表笔插入"COM"插孔，如图 2—43 所示。

2）打开万用表电源开关，如图 2—44 所示。

3）将功能量程开关置于直流电压挡，如图 2—45 所示。

4）接通被测电路，将表笔并联到待测电源或负载上，从显示器上直接读取电压值。电源电压为 6.00 V，如图 2—46a 所示；小灯泡两端电压为 2.20 V，如图 2—46b 所示。

（4）用数字式万用表测直流电流

1）将红表笔插入"A"或"20 A"插孔，黑表笔插入"COM"插孔，如图 2—47 所示。

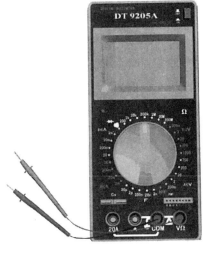

图 2—43　表笔接线

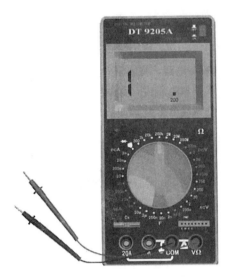

图 2—44　打开万用表电源开关

图 2—45　转换开关挡位选择

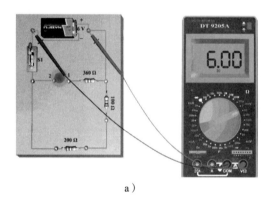

a）

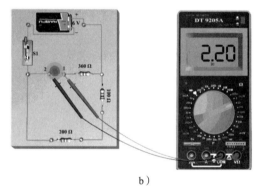

b）

图 2—46　实际测量直流电压

2）打开万用表电源开关，将功能量程开关置于合适的直流电流挡，如图 2—48 所示。

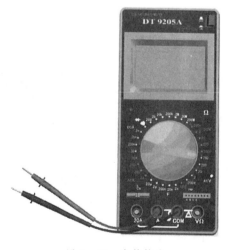

图 2—47　表笔接线

图 2—48　挡位开关的选择

3）将表笔串联接到待测回路中，从显示器上直接读取电流值。若显示值为负值，如图2—49所示的读数为"—20.0"，说明红、黑表笔接反，对调红、黑表笔即可，得读数为"20"，如图2—49b所示。

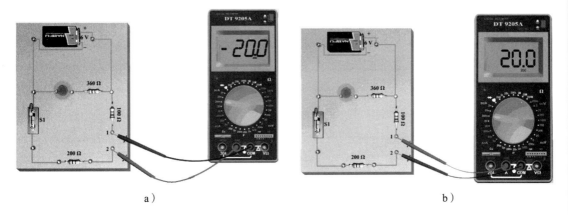

a）   b）

图2—49　实际测量直流电流

（5）用数字式万用表测电阻

1）将红表笔插入"VΩ"插孔，黑表笔插入"COM"插孔，如图2—50所示。

2）打开万用表电源开关，将功能量程开关置于合适的电阻挡，如图2—51所示。

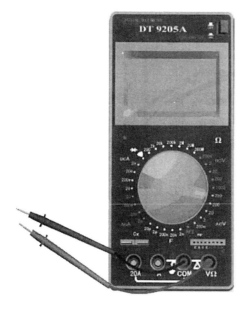

图2—50　表笔接线

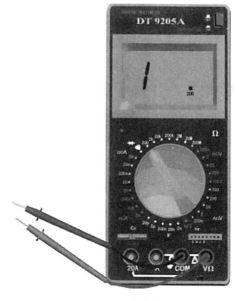

图2—51　挡位选择

3）将表笔并联接到被测电阻上，从显示器上直接读取被测电阻值，R_1的电阻值为100 Ω，如图2—52所示。

4）测量不同的电阻，应选择不同的挡位，如图2—53所示。实际测量R_2的电阻值为3.9 kΩ，如图2—54所示。

第❷章　常用电工仪表

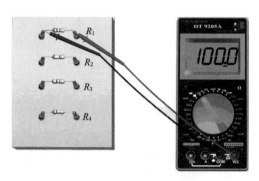

图 2—52　实际测量电阻

图 2—53　挡位选择

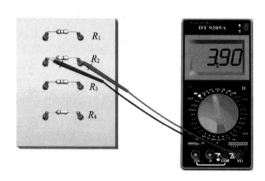

图 2—54　实际测量电阻

五、电能表

感应式电能表的结构和接线如图 2—55 所示。

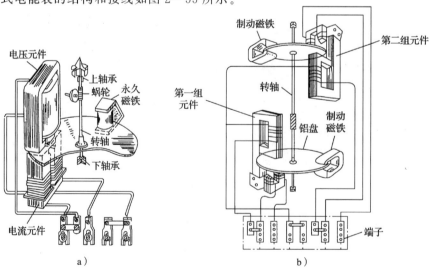

图 2—55　感应式电能表的结构和接线

a）单相感应式　b）三相三线制三相感应式

1. 直入式单相有功电能表跳入式的接线

将电能表直接连接在单相电路中，对单相负载消耗的电能进行测量，这种接线方式称为直入式接线。单相有功电能表直入式接线一般采用跳入式。

单相有功电能表跳入式接线原理图如图 2—56a 所示。接线特点是，电能表的 1 号、3 号端子为电源进线，2 号、4 号端子为电源的出线，并且与开关、熔断器、负载连接。实物接线如图 2—56b 所示。

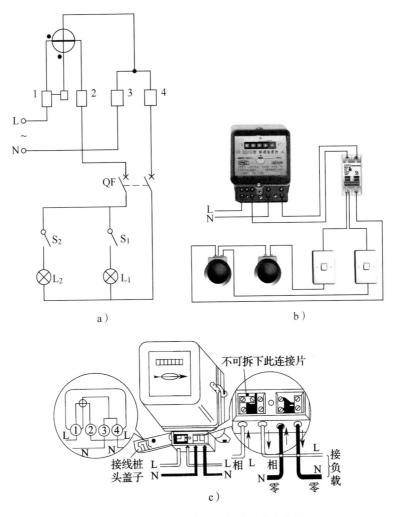

图 2—56 单相有功电能表跳入式接线图

a）接线原理图 b）实物接线图 c）接线方法

2. 用万用表判断单相有功电能表的接线方法

单相有功电能表内部有一个电压线圈和一个电流线圈，根据电压线圈电阻值大、电流线圈电阻值小的特点，可以用万用表的电阻挡测量两个线圈的阻值，找出线圈的接线端子来判断电能表的接线方式。步骤如下：

（1）使用万用表电阻挡"×100"或"×10"挡，如图 2—57 所示。

（2）对万用表进行电阻指针调零，如图 2—58 所示。

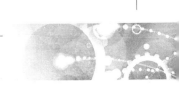

第❷章 常用电工仪表

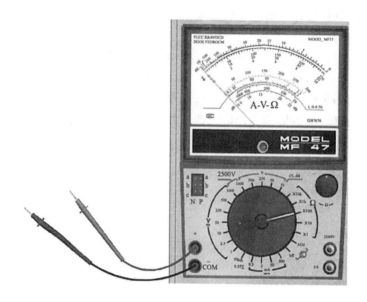

图 2—57　选择合适的电阻挡位

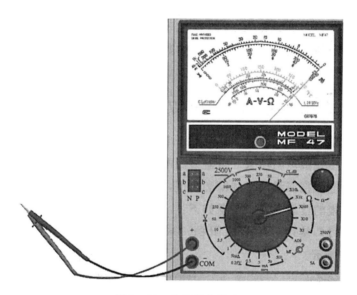

图 2—58　电阻指针调零

（3）用万用表的一只表笔接触 1 号端子，另外一只表笔分别接触 2 号端子、3 号端子和 4 号端子。测定哪两个端子接的是同一个线圈，且测出线圈的直流电阻值。

（4）判断测量结果

如果测量 1 号和 2 号端子时，万用表读数近似为零，说明测量的是电流线圈的直流电阻值，如图 2—59 所示。

测量 1 号和 3 号端子，万用表显示值近似为 1 000 Ω，如图 2—60 所示。

测量 1 号和 4 号端子，万用表显示值近似为 1 000 Ω，如图 2—61 所示。

注意：由此可以判断，这块单相电能表的接线方式是跳入式接线。

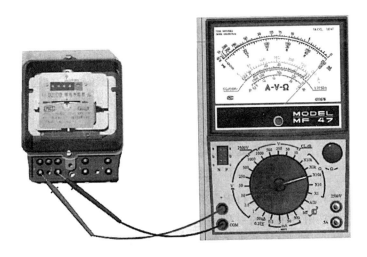

图 2—59　万用表测量单相电能表接线

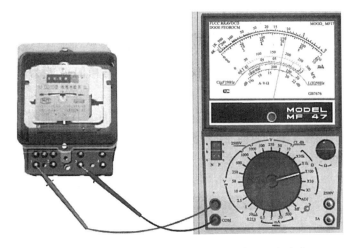

图 2—60　测电能表 1 号和 3 号端子时万用表读数

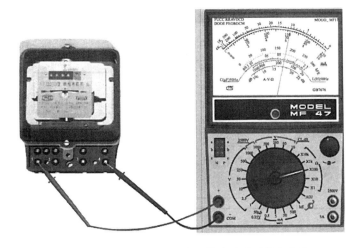

图 2—61　测电能表 1 号和 4 号端子时万用表读数

3．直入式单相有功电能表的读数方法

有功电能表是积算式仪表，某月所消耗的电能为表数之差。

例 2—7　某用户的单相有功电能表，6 月 1 日电能表的读数为 1 kW·h，如图 2—62 所示；7 月 1 日电能表的读数为 20 kW·h，如图 2—63 所示。计算该月消耗电能。

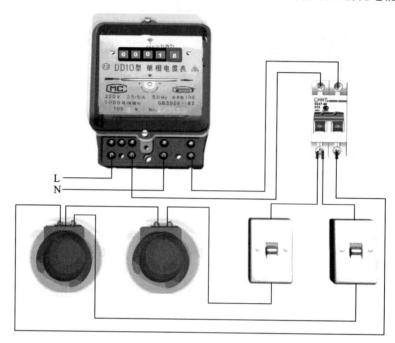

图 2—62　6 月 1 日电能表的读数

本月消耗电能＝本月电能表读数－上月电能表读数

$$=20-1=19 \ (\text{kW·h})$$

4．经电流互感器单相有功电能表的接线

单相有功电能表配电流互感器测量电能的接线图如图 2—64a 所示，其实物接线如图 2—64b 所示。

5．直入式三相三线有功电能表的接线

直入式三相三线（三相两元件）有功电能表测量电能的接线图如图 2—65a 所示，其实物接线如图 2—65b 所示。

6．直入式三相四线有功电能表的接线

直入式三相四线（三相三元件）有功电能表测量电能的接线图如图 2—66a 所示，实物接线如图 2—66b 所示，三相四线有功电能表配电能表接线端子如图 2—66c 所示。

7．经电流互感器三相三线有功电能表的接线

DS 型三相三线有功电能表配电流互感器测量电能的接线图如图 2—67a 所示，其实物接线如图 2—67b 所示。

8．经电流互感器三相四线有功电能表的接线

三相四线（三相三元件）有功电能表配电流互感器测量电能的接线图如图 2—68a 所示，实物接线如图 2—68b 所示。

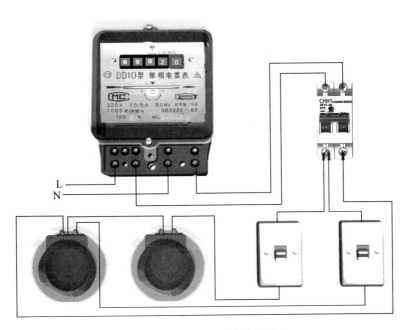

图 2—63 7月1日电能表的读数

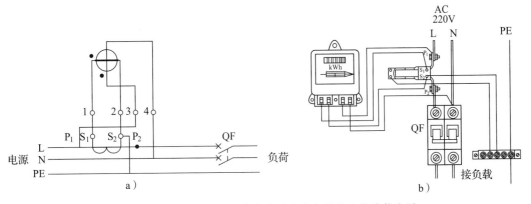

图 2—64 经电流互感器单相有功电能表测量电能的接线图

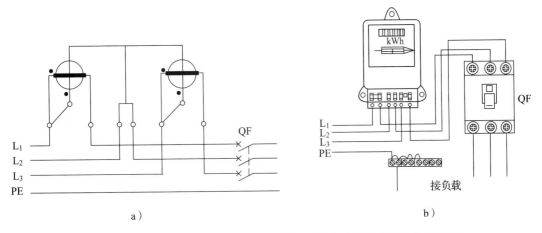

图 2—65 直入式三相三线（三相两元件）有功电能表测量电能的接线图

第 **❷** 章 常用电工仪表

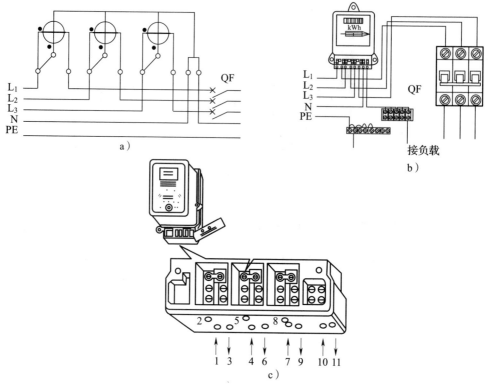

图 2—66 直入式三相四线（三相三元件）有功电能表测量电能的接线图

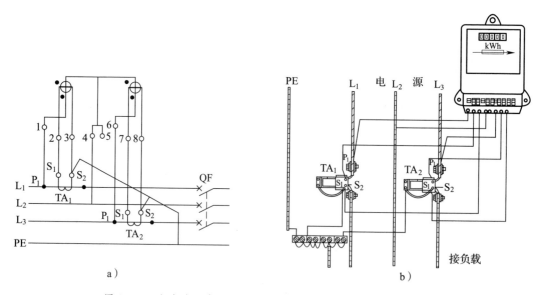

图 2—67 经电流互感器三相两元件有功电能表测量电能的接线图

9. 电子式预付费 IC 卡单相有功电能表的接线

电子式预付费 IC 卡单相有功电能表接线图如图 2—69a 所示。其中 c、e 是校准电度表时接至标准表的端子，正常使用时不用接线，其实物如图 2—69b 所示。

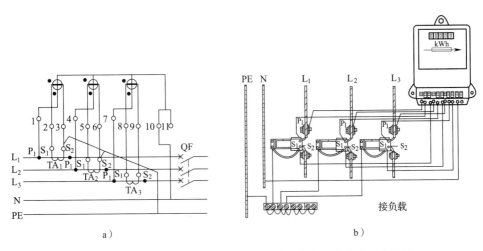

图 2—68　配电流互感器三相三元件有功电能表测量电能的接线图

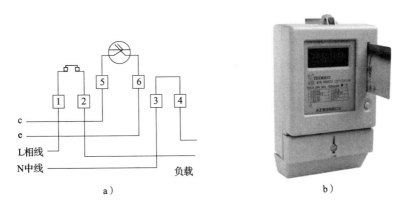

图 2—69　电子式预付费 IC 卡单相有功电能表接线图

六、兆欧表

1. 兆欧表的结构

兆欧表的结构如图 2—70 所示。

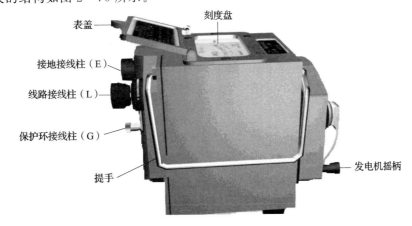

图 2—70　兆欧表的结构

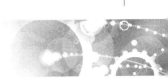

2. 兆欧表使用前的检查

（1）外观检查。兆欧表使用前应做好检查工作，以确保安全操作。先检查外观，兆欧表的外观检查主要包括：表的外壳是否完好；接线端子、摇柄、表头等状态是否完好；测试用导线是否完好。使用前，兆欧表指针可停留在任意位置，这并不影响最后的测量结果，如图2—71所示。

（2）开路试验。将兆欧表平稳放置于绝缘物上，将一条表线接在兆欧表"E"端，另一条接在"L"端。表位放平稳，摇动手柄，使发电机转速达到额定转速120 r/min，这时指针应指向标尺的"∞"位置（有的兆欧表上有"∞"调节器，可调节使指针指在"∞"位置），如图2—72所示。

（3）短路试验。将"L""E"两端子短接，由慢到快摇动手柄，指针应指在标尺的"0"刻度线处，如图2—73所示，否则，说明兆欧表有故障，需要检修。

3. 用兆欧表测量三相异步电动机的绝缘电阻

（1）选用兆欧表。通常，测量额定电压在500 V以下的电动机，选择500 V兆欧表；测量额定电压为500～3 000 V的电动机，选择1 000 V兆欧表；测量额定电压在3 000 V以上的电动机，选择2 500 V兆欧表；额定电压在500 V以下的新电动机在使用前应使用1 000 V兆欧表进行测量。

（2）测量三相异步电动机相对地的绝缘电阻。测量时，应先拆除电动机与电源的连线，不拆除电动机的封星或封角的连接片，将兆欧表上接地（E）端与电动机的接地端（外壳）相接，线路（L）端接在电动机六个接线柱中任意一个，然后匀速摇动摇柄，转速以120 r/min为宜，待指针稳定，所读取的兆欧表数值即为绕组对地绝缘电阻，如图2—74所示，读数为38 MΩ。

图2—71　兆欧表的外观检查

图2—72　开路试验

图2—73　短路试验

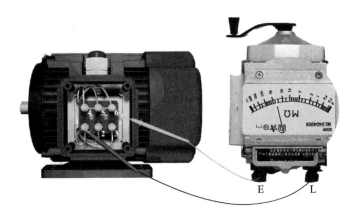

图 2—74　测量三相异步电动机相对地的绝缘电阻

（3）用兆欧表测量三相异步电动机的相间绝缘电阻。相间绝缘电阻是指三相绕组彼此之间的绝缘电阻。测量相间绝缘时，先将电动机三相绕组的封接点断开，兆欧表的 L 与 E 端子分别接电动机的 U、V 两相绕组，然后均匀摇动摇柄达到 120 r/min，待指针稳定，所读取的兆欧表数值即为电动机的 U、V 两相绕组之间的绝缘电阻，如图 2—75 所示，读数为 500 MΩ。

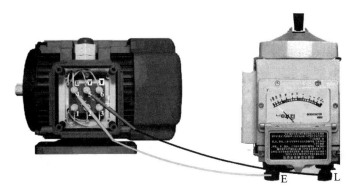

图 2—75　测量三相异步电动机 U、V 相间绝缘电阻

同理，测量 V、W 两相绕组之间的绝缘电阻，如图 2—76 所示，读数为 500 MΩ。

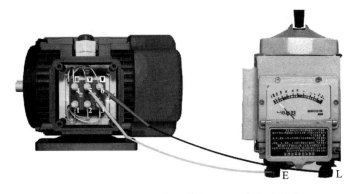

图 2—76　测量三相异步电动机 V、W 相间绝缘电阻

第❷章　常用电工仪表

测量 U、W 两相绕组之间的绝缘电阻，如图 2—77 所示，读数为 500 MΩ。

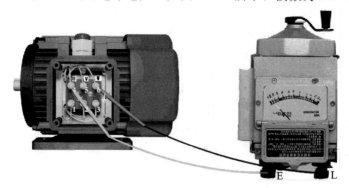

图 2—77　测量三相异步电动机 U、W 相间绝缘电阻

（4）用兆欧表测量三相异步电动机的绝缘合格的判定标准。额定电压在 500 V 以下的电动机绝缘电阻最低合格值均为 0.5 MΩ。新安装的电动机绝缘电阻合格值不得低于 1 MΩ。

测量的电动机绝缘电阻值大于最低合格值，该电动机的绝缘电阻满足运行要求，可以使用。

4. 用兆欧表测量电缆的绝缘电阻

（1）正确选用兆欧表。测量电缆时应按额定工作电压选择兆欧表，额定工作电压在 1 kV 以下的电缆应选用 1 000 V 兆欧表，额定工作电压在 6 000 V 以上的电缆应选用 2 500 V 兆欧表。

（2）用兆欧表测量电缆的绝缘电阻。电力电缆各芯线及与外皮间均有较大的电容，因此，对电力电缆绝缘电阻的测量，应首先断开电缆的电源及负荷，并经充分放电之后方可进行，而且一般应在干燥的条件下进行测量。

（3）正确连接兆欧表的接线。现在以 1 kV 以下的电力电缆为例，说明使用兆欧表对其进行测量的方法和步骤。

1）对运行中的电缆要先停电，并检验，防止拉错闸。

2）对已退出运行的电缆放电，先将各电缆芯线对地放电，然后相间放电，电缆越长，放电时间也要越长，直到看不见火花或听不到放电声为止。如图 2—78 所示，在实际工作中通常用临时接地线代替放电棒进行放电。

3）拆除电缆两端与设备或线路的接线。

4）测量以下项目：

①测量电缆 U 相对 V 相、W 相、N 线及外皮的绝缘，其实际接线如图 2—79 所示。

②测量电缆 V 相对 U 相、W 相、N 线及外皮的绝缘，其实际接线如图 2—80 所示。

③测量电缆 W 相对 U 相、V 相、N 线及外皮绝缘的实际接线如图 2—81 所示。

④测量电缆 N 线对 U 相、V 相、W 相及外皮绝缘的实际接线如图 2—82 所示。

5）摇测 U 相对 V 相、W 相、N 线及外皮绝缘时，兆欧表的 L 端子应与 U 相导体连接（注意摇测前先不接，而是用绝缘杆将 L 线挑起待接）；V 相、W 相与 N 线用裸导线封接后与电缆的外层连接。同时，兆欧表的 E 端子也接在电缆的外层上，G 端子与包覆 U 相导体的绝缘层连接。

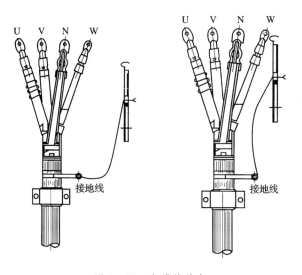

图 2—78 电缆的放电

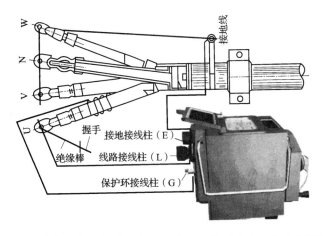

图 2—79 测量电缆 U 相对 V 相、W 相、N 线及外皮绝缘的实际接线

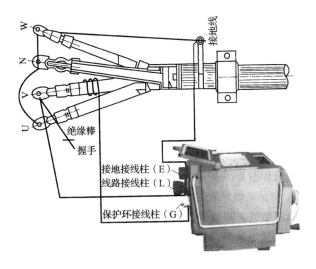

图 2—80 测量电缆 V 相对 U 相、W 相、N 线及外皮绝缘的实际接线

第❷章 常用电工仪表

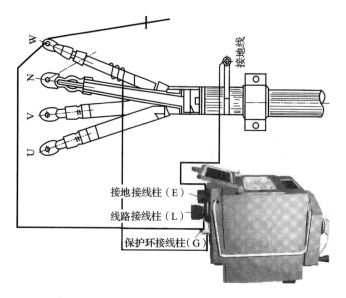

图 2—81 测量电缆 W 相对 U 相、V 相、N 线及外皮绝缘的实际接线

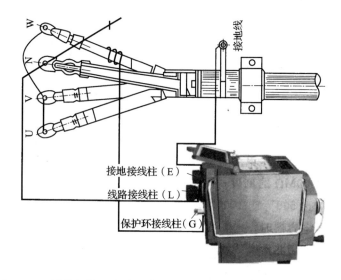

图 2—82 测量电缆 N 线对 U 相、V 相、W 相及外皮绝缘的实际接线

6）摇测时要两人操作，一人摇表，一人去搭接 L 线。一人先将兆欧表摇到额定转速 120 r/min，另一人将 L 线接在 U 相上，兆欧表指针稳定 1 min 后读数，然后先将 L 线撤下，再停止摇表。

7）停止摇表后 U 相要对地放电，然后按上述步骤测量 V 相、W 相、N 线相应的绝缘电阻。

（4）用兆欧表测量电缆的绝缘合格的判定标准。测量 1 kV 电力电缆应选用 1 000 V 的兆欧表，在电缆长度为 500 m 及以下、电缆温度为 20℃时，绝缘电阻应不低于 10 MΩ。测量 10 kV 电力电缆应选用 2 500 V 的兆欧表，在电缆长度为 500 m 及以下、电缆温度为 20℃时，绝缘电阻应不低于 400 MΩ；三相不平衡系数不大于 2.5；与上次测量值相比下降程度不超过 30%。

5. 用兆欧表测量电容器的绝缘电阻

（1）正确选用兆欧表。测量新低压电容器（交接试验）应选用 1 000 V 兆欧表，并有 2 000 MΩ 的刻度；测量运行中的低压电容器（预防性试验）应选 500 V 或 1 000 V 兆欧表，并有 1 000 MΩ 的刻度；测量高压电容器时，选 2 500 V 兆欧表。

（2）用兆欧表测量电容器的绝缘电阻（以运行中的三相电力电容器为例）。应按以下顺序进行：测量电容器前首先需要停电→静候 3 min（使其在自动放电装置上放电）→人工放电（先各极对地放电，再各极间放电，如图 2—83a 所示）→拆除电容器上原接线（见图 2—83b）→擦拭电容器瓷套管→将电容器 3 个接线端用裸导线短接（见图 2—83c）→将兆欧表的 E 端子接线与电容器的外壳（电容器已在架构上，可以接在架构上）连接→将兆欧表 G 端子接线接于电容器瓷套管→将兆欧表的 L 端子接线固定在绝缘杆端部的金属部分→一人手持绝缘杆，将 L 端子接线挑起悬空→另一人摇动兆欧表（应达到 120 r/min）→持杆人使 L 端子线接触被测电容器的电极（见图 2—83d）→摇表人应维持摇速稳定→1 min 后指针稳定，读取读数→读数完毕，L 端子接线撤离被测端→再停止摇表（听持杆人的指挥）→放电。

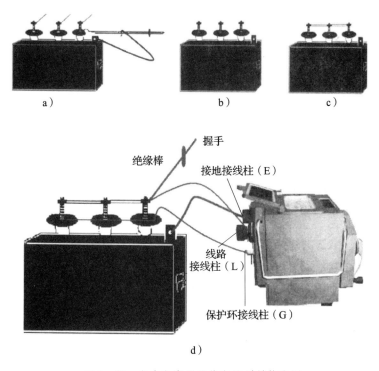

图 2—83 电力电容器绝缘电阻测量接线图

注意：①只测各极对地绝缘，禁测极间绝缘。

②擦拭电容器瓷套管时，应使用清洁的棉布，如瓷套管严重脏污，可用无水酒精擦拭。

③人工放电，直到看不见放电火花或听不到放电声。

④用兆欧表测量电容器的绝缘合格的判定标准为：额定电压为 0.4 kV 的新电力电容器的绝缘电阻值应不小于 2 000 MΩ，运行过的电力电容器的绝缘电阻值应不小于 1 000 MΩ。

七、接地电阻测量仪

1. ZC—8 型接地电阻测量仪的面板结构

ZC—8 型接地电阻测量仪有 3 端钮（C、P、E）和 4 端钮（C_1、P_1、P_2、C_2）两种。其中 3 端钮接地电阻测量仪的量程规格为 10 Ω、100 Ω、1 000 Ω，有 "×1" "×10" "×100" 共3个倍率挡位可供选择。ZC—8 型 4 端钮接地电阻测量仪面板如图 2—84 所示。

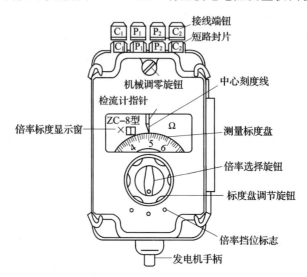

图 2—84　ZC—8 型 4 端钮接地电阻测量仪面板

2. 接地电阻测量仪使用前做短路试验

仪表的短路试验目的是检查仪表的准确度，方法是将仪表的接线端钮 C_1、P_1、P_2、C_2（或 C、P、E）用裸铜线短接，如图 2—85 所示，摇动仪表摇把后，指针向左偏转，此时边摇边调整标度盘旋钮，当指针与中心刻度线重合时，指针应指标度盘上的 "0"，即指针、中心刻度线和标度盘上 "0" 刻度线三者成直线。若指针与中心刻度线重合时未指 "0"，如差一点或过一点则说明仪表本身就不准确，测出的数值也不会准确。

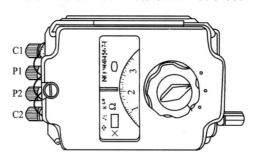

图 2—85　接地电阻测量仪使用前的短路试验

3. 用接地电阻测量仪测量接地装置的电阻值

（1）测量前的准备工作

1）将被测量的电气设备断电，被测的接地装置应退出使用。

2）断开接地装置的干线与支线的分接点（断接卡子），如果测量接线处有氧化膜或锈蚀，要用砂纸打磨干净。

3）在距被测接地体 20 m 和 40 m 处，分别向大地打入两根金属棒作为辅助电极，并保证这两根辅助电极与接地体在一条直线上。

（2）正确接线。将 3 根测试线（5 m、20 m、40 m 线）先分别与接地体 E′和两个辅助电极 C′、P′连接好，再按下列要求与表的端钮连接。

1）3 端钮的接地电阻测量仪，其 E、P、C 端分别与连接接地体 E′（5 m 线）、电位电极 P′（20 m 线）、电流电极 C′（40 m 线）的连接线相接，如图 2—86 所示。

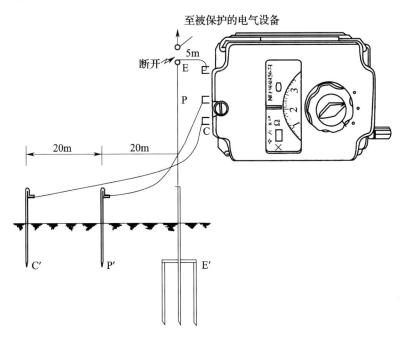

图 2—86　3 端钮接地电阻测量仪接线

2）4 端钮的接地电阻测量仪，先将仪表端 P_1 与 C_1 用短接片短接起来，当作 E 端钮使用，然后将 5 m 测试线一端接在该端子上，另一端接接地体 E′；将 20 m 线接在 P_2 端子上，另一端与电位电极 P′连接；将 40 m 线接在 C_2 端子上，另一端与电流电极 C′连接，如图 2—87 所示。

3）若测量小于 1 Ω 的接地电阻，先将接地电阻测量仪接线端分别用导线接到被测接地体上，其接线方法如图 2—88 所示。

（3）正确测量。测量步骤如下：

1）慢慢转动发电机手柄，同时调节接地电阻测量仪标度盘调节旋钮，使检流计的指针指向中心刻度线。如果指针向中心刻度线左侧偏转，应向右旋转标度盘调节旋钮；如果检流计的指针向中心刻度线右侧偏转，应向左旋转标度盘调节旋钮。随着不断调整，检流计的指针应逐渐指向中心刻度线。

2）当检流计指针接近中心刻度线时，应加快转动发电机手柄，使转速达到 120 r/min，并仔细调整标度盘调节旋钮，检流计的指针对准中心刻度线之后停止转动发电机手柄。

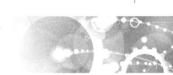

第 **2** 章　常用电工仪表

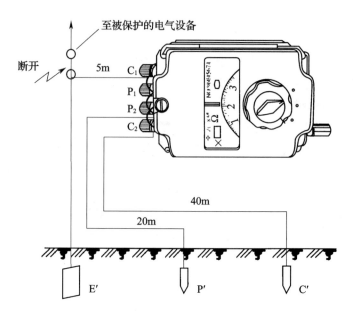

图 2—87 4 端钮接地电阻测量仪接线

3）若调节仪表刻度盘时，接地电阻测量仪标度盘显示的电阻值小于 1 Ω，应重新选择倍率，并重新调节仪表标度盘调节旋钮，以得到正确的测量结果。

4）正确读数。读取数据时，应根据所选择的倍率和标度盘上指示数来共同确定。指示数为检流计指针对准中心刻度线时标度盘指示的数字，如图 2—89 所示，倍率为 1，图中指示数字为 "3.2"，则被测接地电阻的阻值为

$$R_x = 指示数 \times 倍率 = 1 \times 3.2 = 3.2 （\Omega）$$

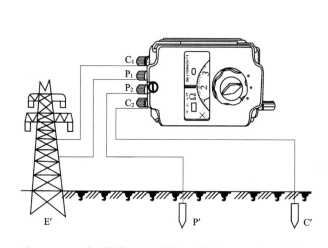

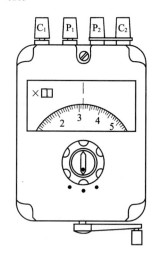

图 2—88 4 端钮接地电阻测量仪测量小于 1 Ω 电阻的接线   图 2—89 接地电阻测量仪读数

测量完毕，先拆去接地电阻测量仪的接线，然后将 3 条测试线收回，拔出插入大地的辅助电极，放入工具袋里。将接地电阻测量仪存放于干燥通风、无尘、无腐蚀性气体的场所。

八、直流单臂电桥

1. 常用直流电桥的型号

常用的直流电阻电桥有两大类：一类称为单臂电桥，又称为惠斯通电桥，如图2—90a所示；另一类称为双臂电桥，又称为凯尔文电桥，如图2—90b、c所示。这里的"臂"是指电桥与被测电阻的连线，单臂是每端一条连线，双臂是每端两条连线。单臂电桥用于测量1 Ω以上的电阻；双臂电桥则用于测量较小的电阻（如1 Ω及以下的电阻）。双臂电桥和单臂电桥相比，其优点是可以基本消除引接线电阻对测量值产生的误差。

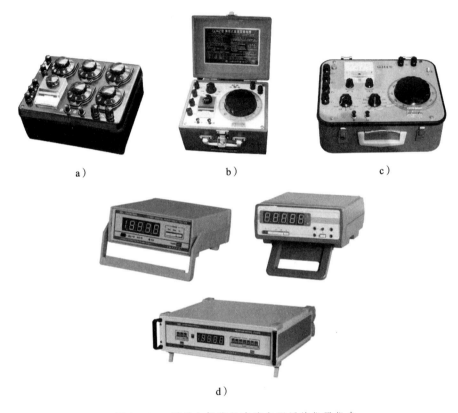

a)   b)   c)

d)

图2—90　测量电机绕组直流电阻用的仪器仪表

a) QJ23型单臂电桥　b) QJ23型双臂电桥　c) QJ44型双臂电桥　d) 便携式数字电阻测量仪

数显电子式直流电阻测量仪已被广泛使用，其规格很多，如图2—90d所示。

2. QJ23型直流单臂电桥的面板

QJ23型直流单臂电桥的面板如图2—91所示。

3. QJ23型直流单臂电桥的使用

（1）把电桥放平稳，断开电源和检流计按钮，进行机械调零，将检流计指针和"0"刻度线重合，如图2—92所示。

（2）用万用表电流挡粗测被测电阻值，选取合理的比例臂，将电桥比较臂的四个读数盘都利用起来，以得到4个有效数值，保证测量精度。

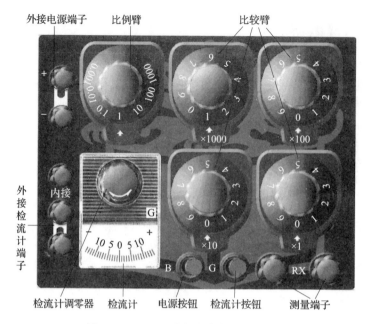

图 2—91　QJ23 型直流单臂电桥的面板

图 2—92　用前检查

　　如用万用表电阻挡粗测电阻值为 34 980 Ω，选取的比例臂为 10，调好比较臂电阻 3 498 Ω。

　　（3）将被测电阻 R_x 接入 X_1、X_2 接线柱，先按下电源按钮 B，再按检流计按钮 G，若检流计指针摆向"＋"端，需增大比较臂电阻，若指针摆向"－"端，如图 2—93 所示，需减小比较臂电阻。反复调节，直到指针指到"0"刻度线为止，如图 2—94 所示。

　　（4）读出比较臂的电阻值再乘以倍率，即为被测电阻值，如图 2—94 所示，读数为 3 498×10＝34 980 Ω。

　　（5）测量完毕，先断开 G 钮，再断开 B 钮，拆除测量接线。

图 2—93　测量

图 2—94　调整指针指到"0"刻度线

第**3**章

电工常用工具及电工基本操作

本章主要介绍电工在工作现场进行作业时经常使用的电工工具，常用导线绝缘层的剥削、连接、绝缘恢复，以及导线与接线端的连接、固定，电工常用绳扣的打结方法，对提高电工基本操作技能作用显著。

第 1 节

常用电工工具

一、钢丝钳

（1）钢丝钳的结构。钢丝钳的结构如图 3—1 所示。

（2）钢丝钳的用途。钳口可用来钳夹和弯折导线，如图 3—2a 所示；齿口可代替扳手来拧小型螺母，如图 3—2b 所示；刀口可用来剪切电线，如图 3—2c 所示；铡口可用来铡切钢丝等硬金属丝，如图 3—2d 所示。钳柄上应套有耐压为 500 V 及以上的绝缘套。其规格用钢丝钳全长的毫米数表示，常用的有 150 mm、175 mm、200 mm 等几种。

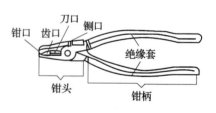

图 3—1 钢丝钳的结构

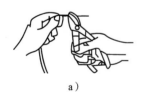 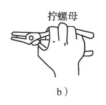 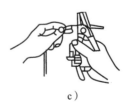 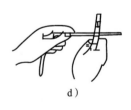

图 3—2 钢丝钳的用途

（3）使用钢丝钳时应注意的事项

1）使用前，必须检查钳柄的绝缘套，确定绝缘状况良好。不得带电操作，以免发生触电事故。

2）用钢丝钳剪切带电导线时，必须单根进行，不得用刀口同时剪切相线和零线或者两根相线，以免造成短路事故。

3）使用钢丝钳时要使刀口朝向内侧，便于控制剪切部位。

4）不能用钳头代替锤子作为敲打工具，以免变形。钳头的轴销应经常加机油润滑，保证其开闭灵活。

二、尖嘴钳

尖嘴钳的头部尖细，如图3—3所示，适用于在狭小的工作空间操作，能夹持较小的螺钉、垫圈、导线及电气元件。在安装控制线路时，尖嘴钳能将单股导线弯成接线端子（线鼻子），尖嘴钳的小刀口用于剪断导线、金属丝以及剥削导线的绝缘层等。电工用尖嘴钳采用绝缘手柄，其耐压等级为 500 V。

三、斜口钳

斜口钳又称断线钳，如图3—4所示。斜口钳的头部"扁斜"，专门用于剪断较粗的金属丝、线材及导线、电缆等。电工用斜口钳的钳柄采用绝缘柄，其耐压等级为 1 000 V。

图3—3 尖嘴钳　　　　　　　　　　　　图3—4 斜口钳

四、剥线钳

剥线钳如图3—5所示，用来剥削直径为 3 mm 及以下绝缘导线的塑料或橡胶绝缘层，剥线钳钳口有多个切口，用于不同规格（芯线直径范围 0.5～3 mm）导线的剥削。使用时应使切口与被剥削导线芯线直径相匹配，切口过大难以剥离绝缘层，切口过小会切断芯线。剥线钳手柄也装有绝缘套。

图3—5 剥线钳

五、旋具

旋具是用来紧固或拆卸带槽螺钉的常用工具。旋具按头部形状的不同，分为一字型和十字型两种，如图3—6所示。

第 3 章　电工常用工具及电工基本操作

图 3—6　旋具

a）一字型　b）十字型

　　旋具是电工常用的工具之一，使用时应选择带绝缘手柄的旋具，使用前先检查绝缘是否良好。旋具的头部形状和尺寸应与螺钉尾槽的形状和大小相匹配，严禁用小旋具拧大螺钉，或用大旋具拧小螺钉，更不能将其当凿子使用。

六、电工刀

　　电工刀如图 3—7 所示，是用来剥削和切割电工器材的常用工具。电工刀的刀口磨制成单面呈圆弧状的刃口，刀刃部分锋利一些。在剥削电线绝缘层时，可把刀略微向内倾斜，用刀刃的圆角抵住芯线，刀口向外推出，这样不易削伤芯线，又可防止操作者受伤。切忌把刀刃垂直对着导线切割，以免削伤芯线。严禁在带电体上使用没有绝缘柄的电工刀进行操作。

图 3—7　电工刀

七、活扳手

　　活扳手是一种旋紧或拧松有角螺钉或螺母的工具。电工常用的活扳手有 200 mm、250 mm、300 mm 三种规格，使用时应根据螺母的大小选配，其使用如图 3—8 所示。

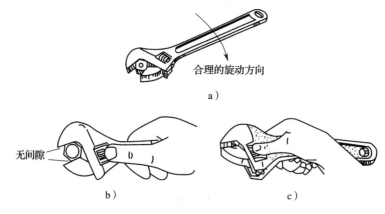

合理的旋动方向

a）

无间隙

b）　　　　　　　　　　c）

图 3—8　活扳手的使用

a）合理的旋动方向　b）与螺钉头之间应无间隙　c）卡住和旋动小螺钉时的操作

八、低压验电器

　　低压验电器又称试电笔，如图 3—9 所示，是检验导线、电器是否带电的一种常用工具，检测范围为 60～500 V，有钢笔式、旋具式和数显式多种，如图 3—9 所示。

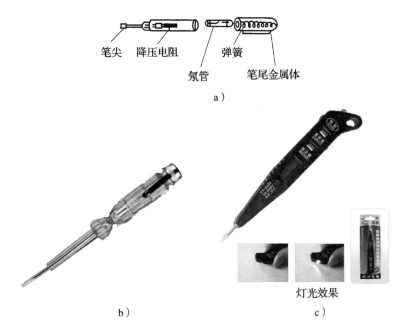

笔尖　降压电阻　　弹簧

氖管　　笔尾金属体

a）

灯光效果

b）　　　　　　　　　c）

图 3—9　低压验电器

a）钢笔式低压验电器　b）旋具式低压验电器　c）数显式低压验电器

使用钢笔式或旋具式低压验电器验电时，注意手指必须接触笔尾的金属体（钢笔式）或测电笔顶部的金属螺钉（旋具式），如图 3—10a 所示。使用数显式低压验电器验电时，注意手指必须按下笔尾的测试按钮，如图 3—10b 所示。

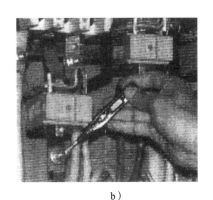

a）　　　　　　　　　　　　　　　　b）

图 3—10　低压验电器的使用

a）使用旋具式低压验电器验电　b）使用数显式低压验电器验电

九、高压验电器

1. 高压验电器的结构与分类

高压验电器又称为高压测电器，如图 3—11 所示，主要类型有发光型高压验电器和声光型高压验电器。

第❸章　电工常用工具及电工基本操作

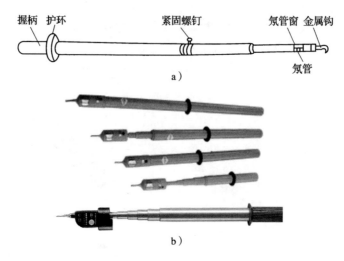

握柄　护环　　　　　　紧固螺钉　　　　　氖管窗　金属钩

氖管

a)

b)

图 3—11　10 kV 高压验电器

a) 结构　b) 外形

2. 高压验电器使用注意事项

（1）使用前首先确定高压验电器额定电压与被测电气设备的电压等级是否相适应，以免危及操作者人身安全或产生误判。

（2）验电时操作者应戴绝缘手套，手握在护环以下部分，如图 3—12 所示，同时设专人监护。

同样应在有电设备上先验证验电器性能完好，然后再对被验电设备进行检测。注意操作中应将验电器渐渐移向设备，在移近过程中若有发光或发声指示，应立即停止验电。

（3）使用高压验电器时，必须在天气良好的情况下进行，以确保操作人员的安全。

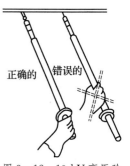

正确的　错误的

图 3—12　10 kV 高压验
电器的使用

（4）验电时人体与带电体应保持足够的安全距离，10 kV 以下电压的安全距离应在 0.7 m 以上。

（5）高压验电器应每半年进行一次预防性试验。

十、电钻

1. 手电钻

手电钻如图 3—13 所示，主要用于在各种金属、木头、塑料等硬度相对较小的材料上钻孔。手电钻一般具备正反转功能，很多还具备调速功能。手电钻所能支持的钻头直径一般小于 12 mm。

2. 冲击电钻

冲击电钻如图 3—14 所示。在通电工作时，其钻头一方面做旋转运动，一方面做前后轴向冲击运动，用于"敲击"被加工的物体，使其粉碎，用于在水泥和砖结构的墙或地面这些坚硬但易碎的物体上钻孔，因此也称为电锤。冲击电钻需使用专用的冲击钻头。有些冲击电钻同时具有只旋转而不冲击的普通手电钻功能，用一个转换开关来转换，即为两用型。

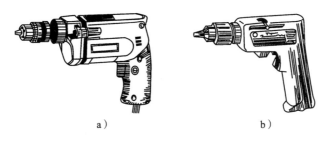

图 3—13 手电钻

a) 单相交流小型手电钻   b) 充电电池小型手电钻

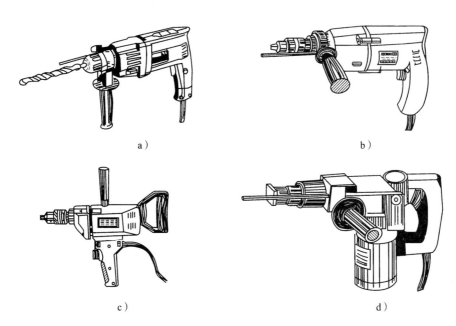

图 3—14 冲击电钻

十一、常用登高用具

（1）安全帽。安全帽如图 3—15 所示，用来保护施工人员的头部，必须由专门工厂生产。

（2）安全带。安全带如图 3—16 所示，是大带和小带的总称，用来防止发生空中坠落事故。腰带用来系挂保险绳、腰绳和吊物绳，系在腰部以下、臀部以上的部位。

（3）踏板。踏板又叫登高板，如图 3—17 所示，用于攀登电杆，由板、绳、钩组成。

（4）脚扣。脚扣也是攀登电杆的工具，主要由弧形扣环、脚套组成，分为木杆脚扣和水泥杆脚扣两种，如图 3—18 所示。

（5）梯子。梯子是最常用的登高工具之一，有单梯、人字梯（合页梯）、升降梯等几种，如图 3—19 所示，用毛竹、硬质木材、铝合金等材料制成。使用梯子时应注意以下几点：

图 3—15 安全帽

图 3—16 安全带

图 3—17 踏板

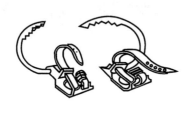

防滑胶套

a）

b）

图 3—18 脚扣

a）木杆脚扣 b）水泥杆脚扣

a）

b）

c）

图 3—19 梯子

a）单梯 b）人字梯 c）升降梯

1）使用前要检查有无虫蛀、折裂等。

2）使用单梯时，梯根与墙的距离应为梯长的 1/4～1/2，以防滑落和翻倒。

3）使用人字梯时，人字梯的两腿应加装拉绳，以限制张开的角度，防止滑塌。

4）采取有效措施，防止梯子滑落。

第 2 节

绝缘导线绝缘层的剥削方法

一、4 mm² 及以下塑料硬线绝缘层的剥削

芯线截面积为 4 mm² 及以下的塑料硬线，一般用钢丝钳剥削。剥削方法如下：

（1）用左手捏住导线，在需剥削线头处，用钢丝钳刀口轻轻切破绝缘层，但不可切伤芯线，如图 3—20a 所示。

（2）用左手拉紧导线，右手握住钢丝钳头部用力向外勒去塑料层，如图 3—20b 所示。

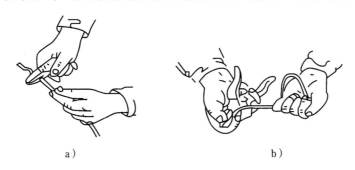

a) b)

图 3—20　4 mm² 及以下塑料硬线绝缘层的剥削

注意：剥削出的线芯应保持完整无损，如有损伤，应重新剥削。若用剥线钳剥削塑料硬线绝缘层，须将塑料硬线按照线径放入不同的卡线口，然后用力切下，即可自动剥下线皮。

二、4 mm² 以上塑料硬线绝缘层的剥削

芯线截面积大于 4 mm² 的塑料硬线，可用电工刀剥削绝缘层，方法如下：

（1）在需剥削线头处，用电工刀以 45°角倾斜切入塑料绝缘层，注意刀口不能伤到芯线，如图 3—21a、b 所示。

（2）刀面与导线保持 25°角，用刀向线端推削，只削去上面一层塑料绝缘，不可切入芯线，如图 3—21c 所示。

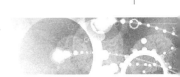

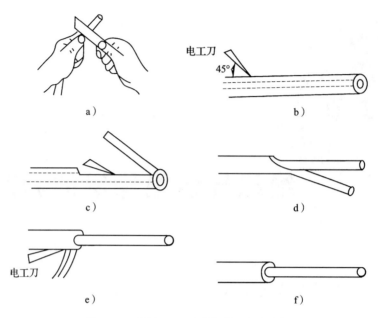

图 3—21　用电工刀剥削塑料硬线绝缘层

（3）将余下的线头绝缘层向后扳翻，把该绝缘层剥离芯线，如图 3—21d、e 所示。再用电工刀切齐，如图 3—21f 所示。

三、塑料护套线绝缘层的剥削

塑料护套线具有两层绝缘：护套层和每根芯线的绝缘层。

1. 护套层的剥削

1）在线头所需长度处，用电工刀刀尖对准护套线中间芯线缝隙处划开护套线，如图 3—22a 所示。如偏离芯线缝隙处，电工刀可能会划伤芯线。

2）向后扳翻护套层，用电工刀将其齐根切去，如图 3—22b 所示。

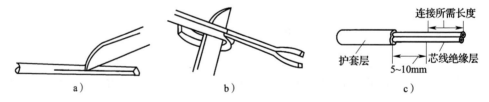

图 3—22　塑料护套线绝缘层的剥削

2. 芯线绝缘层的剥削

如图 3—22c 所示，在距离护套层 5～10 mm 处，用电工刀以 45°角倾斜切入芯线绝缘层，其剥削方法与塑料硬线剥削方法相同。

第 3 节

导线的连接方法

一、单股铜芯导线的对接连接

截面较小的可采用自缠法（一般导线横截面积为 2.5 mm^2 及以下），截面较大的可采用绑扎法，但连接后要涮锡。还可用"压线帽"压接。在不承受拉力时，还可采用电阻焊的方法连接。

自缠法如图 3—23a 所示，绑扎法如图 3—23b 所示。

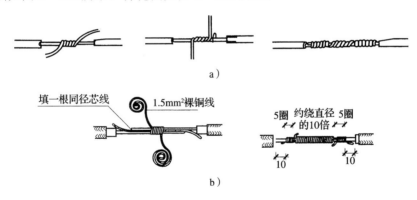

图 3—23 单股铜芯导线的直线连接
a）自缠法 b）绑扎法

二、单股铜芯导线的 T 字分支连接

1. 不打结连接

（1）把去除绝缘层与氧化层的支路芯线的线头与干线芯线十字相交，使支路芯线根部留出 3～5 mm（裸线），如图 3—24a 所示。

（2）将支路芯线按顺时针方向紧贴干线芯线密绕 6～8 圈，用钢丝钳切去余下芯线，并钳平芯线末端及切口毛刺，如图 3—24b 所示。

2. 打结连接

单股铜芯导线打结的 T 字分支连接如图 3—25 所示。

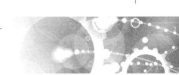

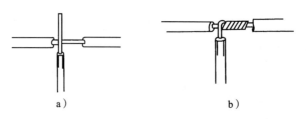

a)　　　　　　　　　　　　　b)

图 3—24　单股铜芯导线不打结的 T 字分支连接

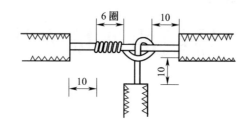

图 3—25　单股铜芯导线打结的 T 字分支连接

三、7 股铜芯导线的直线连接

（1）先将除去绝缘层与氧化层的两根线头分别散开并拉直，在靠近绝缘层的 1/3 芯线处将该段芯线绞紧，把余下的 2/3 线头分散成伞状，如图 3—26a 所示。

（2）把两个分散成伞状的线头相间隔交叉，如图 3—26b 所示。然后放平两端交叉的线头，如图 3—26c 所示。

（3）把一端的 7 股芯线按 2、2、3 股分成三组，把第一组的 2 股芯线扳起，垂直于线头，如图 3—26d 所示。然后按顺时针方向紧密缠绕 2 圈，将余下的芯线向右按与芯线平行方向扳平，如图 3—26e 所示。

（4）将第二组 2 股芯线扳至与芯线垂直方向，如图 3—26f 所示。然后按顺时针方向紧压着前两股扳平的芯线缠绕 2 圈，也将余下的芯线向右按与芯线平行方向扳平。

（5）将第三组的 3 股芯线扳至与线头垂直方向，如图 3—26g 所示，然后按顺时针方向紧压芯线向右缠绕。

（6）缠绕 3 圈后，切去每组多余的芯线，钳平线端，如图 3—26h 所示。

（7）用同样的方法再缠绕另一边芯线。最终接头如图 3—26i 所示。

四、7 股铜芯导线的 T 字分支连接

（1）把除去绝缘层与氧化层的分支芯线散开钳直，在距绝缘层 1/8 线头处将芯线绞紧，把余下的芯线分成两组，一组 4 股，另一组 3 股，并排齐，如图 3—27a 所示。然后用旋具把已除去绝缘层的干线芯线撬分成两组，把支线中 4 股芯线的一组插入干线两组芯线中间，把支线的 3 股芯线的一组放在干线芯线的前面，如图 3—27b 所示。

（2）把 3 股芯线的一组往干线一边按顺时针方向紧紧缠绕 3～4 圈，剪去多余线头，钳平线端，如图 3—27c 所示。

（3）把 4 股芯线的一组往干线的另一边按逆时针方向缠绕 4～5 圈，剪去多余线头，钳平线端，如图 3—27d 所示。

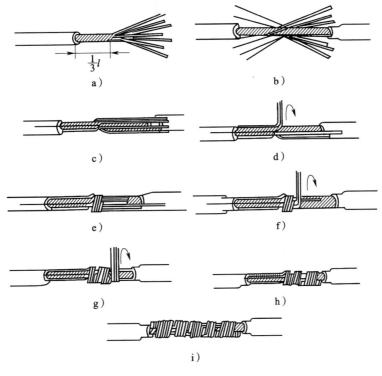

图 3—26　7 股铜芯导线的直线连接

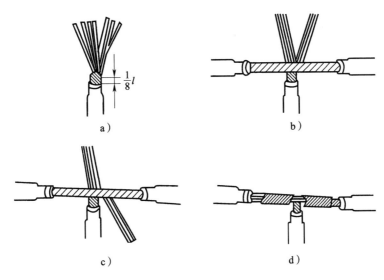

图 3—27　多股线的分支连接

五、不同截面导线的对接

将细导线在粗导线线头上紧密缠绕 5～6 圈，弯曲粗导线头的端部，使它压在缠绕层上，再用细导线线头缠绕 3～5 圈，切去余线，钳平切口毛刺，如图 3—28 所示。

图 3—28　不同截面导线的对接

六、软、硬导线的对接

先将软线拧紧，将软线在单股线线头上紧密缠绕 5～6 圈，弯曲单股线线头的端部，使它压在缠绕层上，以防绑线松脱，如图 3—29 所示。

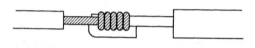

图 3—29　软、硬导线的对接

七、单股线与多股线的连接

（1）在多股线的一端，用旋具将多股线分成两组，如图 3—30a 所示。

（2）将单股线插入多股线的芯线中，但不要插到底，应距绝缘切口 5 mm，便于包扎绝缘，如图 3—30b 所示。

（3）将单股线按顺时针方向紧密缠绕 10 圈，绕后切除余线，钳平切口毛刺，如图 3—30c 所示。

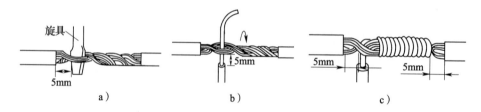

图 3—30　单股线与多股线的连接

八、铝芯导线的螺钉压接

螺钉压接法适用于负荷较小的单股铝芯导线的连接。

（1）除去铝芯导线的绝缘层，用钢丝刷刷去铝芯导线线头上的铝氧化膜，并涂上中性凡士林，如图 3—31a 所示。

（2）将线头插入瓷接头或熔断器、插座、开关等的接线桩上，然后旋紧压接螺钉，如图 3—31b、c 所示分别为直线连接和分路连接。

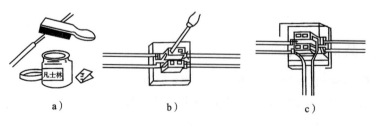

图 3—31　螺钉压接法

九、导线的压接管压接

压接管压接法适用于较大负荷的多股铝芯导线的直线连接，需要用压接钳和压接管，如图 3—32a、b 所示。

（1）根据多股铝芯导线规格选择合适的压接管，除去需连接的两根多股铝芯导线的绝缘层，用钢丝刷清除铝芯导线线头和压接管内壁的铝氧化层，涂上中性凡士林。

（2）将两根铝芯导线线头相对穿入压接管，并使线端穿出压接管 25～30 mm，如图 3—32c 所示。

（3）压接时第一道压坑应在铝芯导线线头一侧，不可压反，如图 3—32d 所示。压接完成后的铝芯导线如图 3—32e 所示。

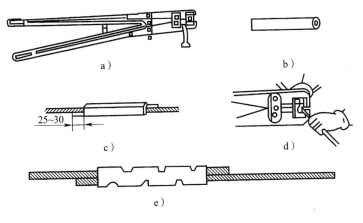

图 3—32　压接管压接法

十、导线在接线盒内的连接

将剥去绝缘的线头并齐捏紧，用其中一个芯线紧密缠绕另外的芯线 5 圈，切去线头，再将其余线头弯回压紧在缠绕层上，切断余头，钳平切口毛刺，如图 3—33 所示。

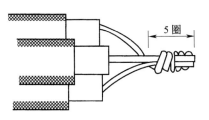

图 3—33　导线在接线盒内的连接

十一、铜芯导线的搪锡

搪锡是导线连接中的一项重要工艺，采用缠绕法连接的导线连接完毕，应将连接处加固搪锡。搪锡的目的是加强连接的牢固和防氧化，并可有效地增大接触面积，提高接线的可靠性。

10 mm² 及以下截面的导线用 150 W 电烙铁搪锡，16 mm² 及以上截面的导线搪锡是将线

头放入熔化的锡锅内涮锡，或将导线架在锡锅上用熔化的锡液浇淋导线，如图 3—34 所示。搪锡前应先清除芯线表面的氧化层，搪锡完毕应将导线表面的助焊剂残液清理干净。

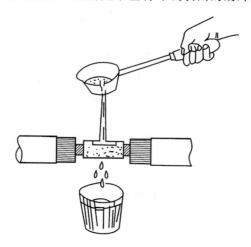

图 3—34　锡液浇淋导线接头

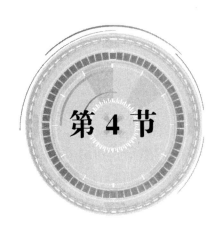

第 4 节

绝缘的恢复

一、用绝缘带包缠导线接头

（1）先用塑料带（或涤纶带）从距离切口约 2 倍带宽（约 40 mm）处的绝缘层上开始包缠，如图 3—35a 所示。缠绕时采用斜叠法，塑料带与导线保持约 55°的倾斜角度，每圈压叠带宽的 1/2，如图 3—35b 所示。

（2）包缠一层塑料带后，将黑胶带接于塑料带的尾端，以同样的斜叠法朝另一方向包缠一层黑胶带，如图 3—35c、d 所示。

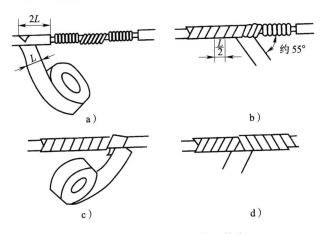

图 3—35 绝缘带包缠导线接头

二、导线直线连接后进行绝缘包扎

（1）从距绝缘切口 2 倍带宽处起，先用自粘胶带绕包至另一端，以密封防水。

（2）包扎绝缘带时，绝缘带应与导线成 45°～55°的倾斜角度，每圈应重叠 1/2 带宽缠绕。

（3）再用黑胶带从自粘胶带的尾部向回包扎，也是要每圈重叠 1/2 带宽，如图 3—36 所示。

第 3 章 电工常用工具及电工基本操作

图 3—36　直线连接后的绝缘包扎

（4）若导线两端高度不同，最外一层绝缘带应由下向上绕包。

三、导线分支连接后进行绝缘包扎

（1）首先将黄蜡带从接头左端开始包缠，每圈叠压带宽的 $\frac{1}{2}$ 左右，如图 3—37a 所示。

（2）缠绕至支线时，用左手拇指顶住左侧直角处的带面，使它紧贴于转角处芯线，而且要使处于接头顶部的带面尽量向右侧斜压，如图 3—37b 所示。

（3）当围绕到右侧转角处时，用手指顶住右侧直角处带面，将带面在干线顶部向左侧斜压，使其与被压在下边的带面呈 X 状交叉，然后把黄蜡带再回绕到左侧转角处，如图 3—37c 所示。

（4）将黄蜡带从接头交叉处开始在支线上向下包缠，并使黄蜡带向右侧倾斜，如图 3—37d 所示。

（5）在支线上绕至绝缘层上约两个带宽时，黄蜡带折回向上包缠，并使黄蜡带向左侧倾斜，绕至接头交叉处，使黄蜡带围绕过干线顶部，然后开始在干线右侧芯线上进行包缠，如图 3—37e 所示。

（6）包缠至干线右端的完好绝缘层后，再接上黑胶带，按上述方法包缠一层即可，如图 3—37f 所示。

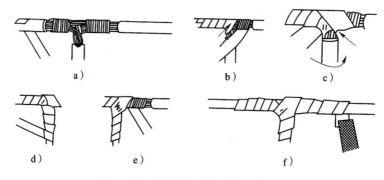

a）　　　　　　　　b）　　　　　　　　c）

d）　　　　　　　　e）　　　　　　　　f）

图 3—37　导线分支连接后的绝缘包扎

第5节

导线与接线端的连接

一、导线线头与针孔式接线桩的连接

将单股导线除去绝缘层后插入合适的接线桩针孔，旋紧螺钉。如果单股导线芯线较细，把芯线折成双根，再插入针孔，如图3—38所示。对于软芯线，须先把软线的细铜丝都绞紧涮锡，再插入针孔，孔外不能有铜丝外露，以免发生事故，如图3—39所示。

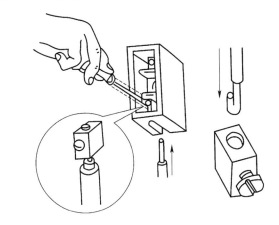

图3—38　导线线头与针孔式接线桩的连接

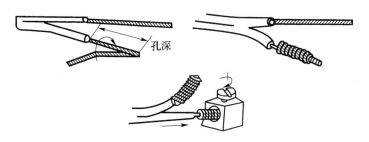

图3—39　软线导线与针孔式接线桩的连接

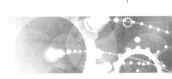

第❸章　电工常用工具及电工基本操作

二、导线线头与螺钉平压式接线桩的连接

先去除导线的绝缘层，把线头按顺时针方向弯成圆环，圆环的圆心应在导线中心线的延长线上，环的内径比压接螺钉外径稍大些，环尾部间隙为 1～2 mm，剪去多余芯线，把环钳平整，不扭曲。然后把制成的圆环放在接线桩上，放上垫片，把螺钉旋紧。

三、导线用螺钉压接

（1）小截面的单股导线用螺钉压接在接线端时，必须把线头盘成圆圈形（似羊眼圈）再连接，弯曲方向应与螺钉的拧紧方向一致，如图 3—40 所示。圆圈的内径不可太大或太小，以防拧紧螺钉时散开。在螺钉头较小时，应加平垫圈。

（2）压接时不可压住绝缘层，有弹簧垫时应将弹簧垫压平。

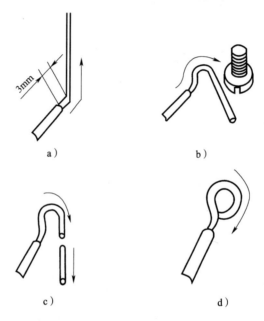

a）　　　　　　　　　　b）

c）　　　　　　　　　　d）

图 3—40　导线用螺钉压接

a）离绝缘层 2～3 mm 折角　b）略大于螺钉直径弯圆弧

c）剪去余线　d）修正呈圆形

四、软线用螺钉压接

软线线头与接线端连接时，不允许有芯线松散（涮锡紧固）和外露的现象。应按图 3—41 所示的方法进行连接，以保证连接牢固。较大截面的导线与平压式接线端连接时，线头须使用接线端子，线头与接线端子要连接紧固，然后再由接线端子与接线端连接。

图 3—41　软线用螺钉压接

五、导线压接接线端子

　　导线与大容量电气设备接线端的连接不宜采用直接压接法,需经过接线端子作为过渡,然后将接线端子的一端压在电气设备的接线端处。这时需选用与导线截面相适应的接线端子,清除接线端子内和线头表面的氧化层,将导线插入接线端子内,绝缘层与接线端子之间应留有 5 mm 裸线,以便恢复绝缘,然后用压接钳进行压接,压接时应使用同截面的压模。压接后的形状如图 3—42 所示。

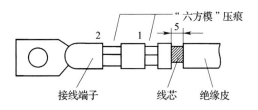

图 3—42　导线压接接线端子
1、2—压接顺序号

六、多股软线盘压

　　(1) 根据所需的长度剥去绝缘层,将 1/2 长的芯线重新拧紧溅锡紧固,如图 3—43a 所示。

　　(2) 将拧紧的部分向外弯折,如图 3—43b 所示,弯曲成圆弧,如图 3—43c 所示。

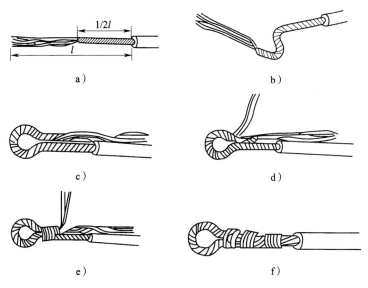

图 3—43　多股软线的盘压

　　(3) 将线头与原线段平行捏紧,如图 3—43d 所示。

　　(4) 将线头散开按 2、2、3 分成组,扳直一组线垂直于芯线缠绕,如图 3—43e 所示。

　　(5) 按多股线对接的缠绕法缠紧导线,如图 3—43f 所示。

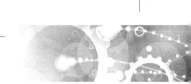

七、 瓦型垫的压接

（1）如图 3—44 所示，将剥去绝缘层的芯线弯成 U 形，将其卡入瓦型垫进行压接，如果是两个线头，应将两个线头都弯成 U 形对头重合后卡入瓦型垫内压接。

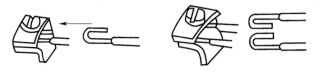

图 3—44　瓦型垫的压接

（2）剥去导线端头绝缘层，芯线插入瓦型垫内压紧即可。若为两根导线，应每侧压接一根。瓦型垫外遗留导线不可过长，也不可将绝缘层压在瓦型垫下。

第6节 导线的固定

一、在瓷瓶上进行"单花"绑扎

（1）将绑扎线在导线上缠绕2圈，再自绕2圈，将较长一端绕过绝缘子，从上至下地压绕过导线，如图3—45a所示。

（2）再绕过绝缘子，从导线的下方向上紧缠2圈，如图3—45b所示。

（3）将两个绑扎线线头在绝缘子背后相互拧紧5~7圈，如图3—45c所示。

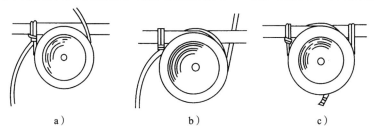

图3—45　瓷瓶的"单花"绑扎

二、在瓷瓶上进行"双花"绑扎

在瓷瓶上进行"双花"绑扎与进行"单花"绑扎相似，在导线上X形压绕2次即可，如图3—46所示。

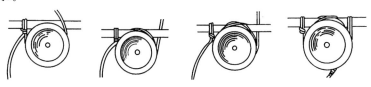

图3—46　瓷瓶的"双花"绑扎

三、在瓷瓶上绑"回头"

（1）将导线绷紧，绕过绝缘子并齐捏紧。

（2）用绑扎线将两根导线缠绕在一起，缠绕的圈数：绝缘子 5～7 圈，绑扎线在拉台（茶台）上缠绕 150～220 mm，具体视被绑扎导线截面而定。

（3）缠完后在被拉紧的导线上缠绕 5～7 圈，然后将绑扎线的首尾头拧紧，如图 3—47 所示。

图 3—47　瓷瓶上绑"回头"

四、导线在碟式绝缘子上绑扎

导线在碟式绝缘子上的绑扎如图 3—48 所示。

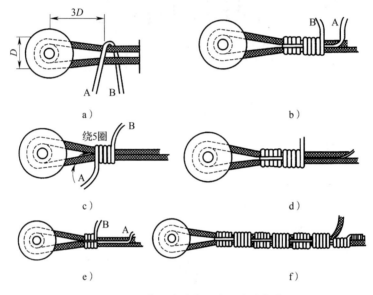

图 3—48　导线在碟式绝缘子上的绑扎

这种绑扎法用于架空线路的终端杆、分支杆、转角杆等的终端。

（1）导线并齐靠紧，用绑扎线在距绝缘子 3 倍腰径处开始绑扎。

（2）绑扎 5 圈后，将首端绕过导线从两线之间穿出。

（3）将穿出的绑扎线紧压在绑扎线上，并与导线靠紧。

（4）继续用绑扎线连同绑扎线首端的线头一同绑紧。

（5）绑扎到规定的长度后，将导线的尾端抬起，绑扎 5～6 圈后再压住绑扎。

（6）绑扎线线头反复压缠几次后（绑扎长度不小于 150 mm），将导线的尾端抬起，在被拉紧的导线上绑 5～6 圈，将绑扎线的首尾端相互拧紧，切去多余线头。

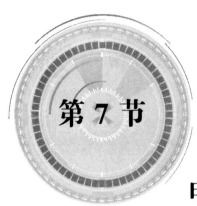

第 7 节

电工常用的绳扣

一、常用的绳扣及其用途

（1）直扣：如图 3—49a 所示，用于临时将麻绳结在一起的场合。

（2）活扣：如图 3—49b 所示，用途与直扣相同，特别适用于需要迅速解开绳扣的场合。

（3）腰绳扣：如图 3—49c 所示，用于登高作业时的拴腰绳。

（4）猪蹄扣：如图 3—49d 所示，在抱杆顶部等处绑绳时使用。

（5）抬扣：如图 3—49e 所示，用于抬起重物，调整和解扣都比较方便。

（6）倒扣：如图 3—49f 所示，在抱杆上或电杆起立、拉线往锚桩上固定时使用。

（7）背扣：在杆上作业时，用背扣（见图 3—49g），将工具或材料结紧，以进行上下传递。

（8）倒背扣：如图 3—49h 所示，用于吊起、拖拉轻而长的物体，可防止物体转动。

（9）钢丝绳扣：如图 3—49i 所示，用于将钢丝绳的一端固定在一个物体上。

（10）连接扣：如图 3—49j 所示，用于钢丝绳与钢丝绳的连接。

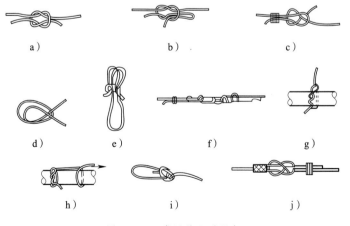

图 3—49　常用的几种绳扣

第 **3** 章　电工常用工具及电工基本操作

二、"灯头扣"

在灯具安装中，灯具的质量小于 1 kg 时可直接用软导线吊装，在吊线盒和灯头内应打"灯头扣"。"灯头扣"的打结方法如图 3—50 所示。

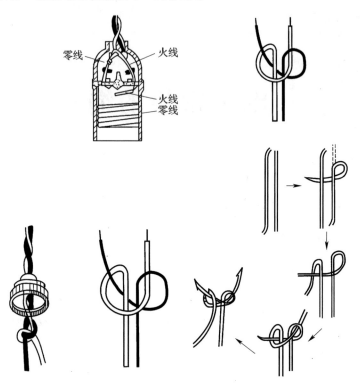

图 3—50　"灯头扣"的打结方法

第 **4** 章

电气识图基本知识

本章主要介绍电气图的构成、分类和识读方法，对电气图中的电气符号，包括文字符号、图形符号、项目代号和回路标号做了详尽介绍，有助于电工掌握识读电气图的基本技能。

第 1 节

电气图的构成

一、电气图用图纸

电气图是绘制在电气图用图纸上的。电气图用图纸的标准包括图纸的幅面、图框格式、标题栏的位置、绘制的图形比例以及图纸中字体、图线的要求等内容。

1. 图纸的幅面

图纸的幅面按照规定可以分为两类：一类是 5 种基本幅面，分别为 A0、A1、A2、A3、A4，最大的 A0 即通常所说的"0♯"图纸（841×1 189）；另一类是按需要加长后的幅面。图4—1 是电气图用图纸的式样，表 4—1 是图纸的规格尺寸。"宽变长，长除二"是不同幅面图纸尺寸之间的规律，即 A0 的宽（B）是 A1 的长（L），A1 的宽（B）是 A2 的长（L），以此类推。

注意：电气制图中应优先采用 5 种基本幅面，根据图纸的复杂程度，选择适当幅面的图纸，若基本幅面不够时，可采用加长幅面。

2. 图框格式

在图纸上必须用粗实线画出图框，图样则绘制在图框内部。图框的格式分为留有装订边和不留有装订边两种类型，图 4—1 中的 a 为装订尺寸，e 为不装订尺寸。

3. 标题栏

每张图纸上都必须画出标题栏，外框为粗实线，内格为细实线。标题栏的位置应位于图纸的右下角，其尺寸不随图纸大小、格式变化，看图的方向应与标题栏的方向一致。标题栏中注明工程名称、图名、图号，还有设计人、制图人、审核人、批准人的签名和日期等。标题栏是电路图的重要技术档案，栏目中的签名者对图中的技术内容各负其责。标题栏格式示例如图 4—2 所示。

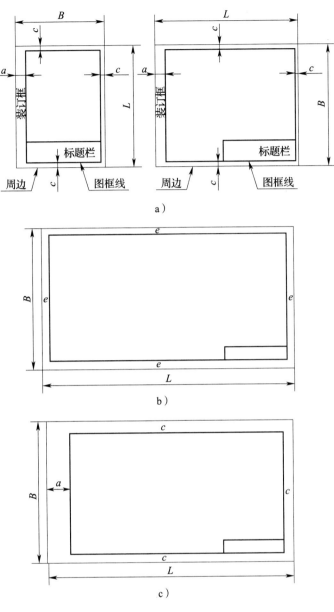

图 4—1 电气图用图纸

表 4—1 图纸基本幅图的尺寸

幅面代号	$B \times L$	e	c	a
A0	841×1 189	20	10	25
A1	594×841	20	10	25
A2	420×594	10	10	25
A3	297×420	10	5	25
A4	210×297	10	5	25

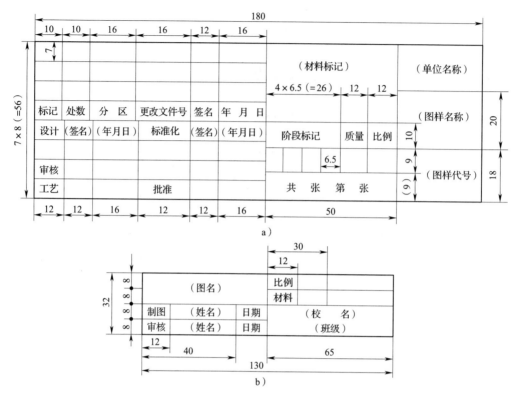

图 4—2 标题栏格式

a) 国标格式 b) 制图作业中推荐使用的标题栏格式

4. 比例

图样中相应要素的线性尺寸与实物相应要素的线性尺寸之比称为比例，通常分为原值比例、放大比例、缩小比例三种，见表 4—2。

表 4—2   比例

种类	比例
原值比例	$1:1$
放大比例	$5:1$，$2:1$，$5 \times 10^{n}:1$，$2 \times 10^{n}:1$，$1 \times 10^{n}:1$
缩小比例	$1:2$，$1:5$，$1:10$，$1:2 \times 10^{n}$，$1:5 \times 10^{n}$，$1:1 \times 10^{n}$

图样上所标注的尺寸是电气元件的真实尺寸，与比例无关。

二、电气图的指引线和连接线

1. 指引线

指引线指在电气图中起指引注释作用的线，通常用细实线，指向被注释处，其末端有以下几种形式：末端在轮廓线内，用黑点表示；末端在轮廓线上，用实心箭头表示；末端在电路线上，用一小短斜线（一般与水平方向成 45°）表示；末端在尺寸线上，则末端不加任何标记。指引线如图 4—3 所示。

2. 连接线

连接线是指用来表示设备中各种组成部分或元件之间的连接关系的直线，如导线、信号线、电缆线等。在绘制电气图的连接线时一般采用实线，无线信号通路用虚线表示。

（1）连接线的交叉如图4—4所示。

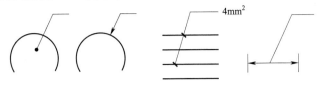

图4—3　指引线

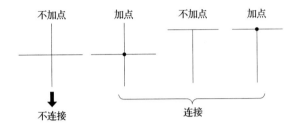

图4—4　连接线交叉

（2）连接线的取向。连接线一般画成水平或垂直方向，如图4—5所示。

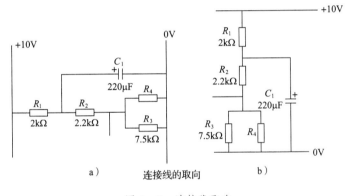

图4—5　连接线取向

（3）连接线的化简。在电气图中多条连接线可以用单线简化，在单线的适当位置加短斜线（一般与水平方向成45°），并在附近注上导线数，如图4—6所示。

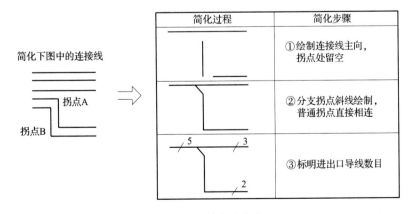

图4—6　简化连接线

第4章　电气识图基本知识

三、图幅分区法

当电气图中元件较多，图纸幅面较大且图中电路较复杂时，为了便于电气图的读图与分析以及对图中电气元件的检索，可以将电气图纸幅面内的图样分成若干个区域，图形符号或元件在图纸上的位置可用图幅分区法的区域代号来表示，即用代表行的字母和代表列的数字来表示。电气图的分区方法有两种。

1. 通用分区方式

通用分区方式如图4—7a所示。

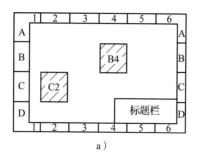
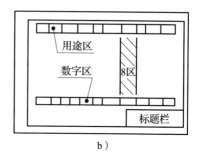

图 4—7　图幅分区
a) 通用方式　b) 机床电气设备电路图专用

（1）分区在图的周边内划定，分区数必须是偶数。

（2）每一分区的长在25～75 mm间选定，横、竖两个方向的间隔长可以不一样，以便于图纸内图样的分析为准。

（3）竖边所分的为"行"，用大写的拉丁字母作为代号。横边所分的为"列"，用阿拉伯数字作为代号。

（4）"行"与"列"的编号都从图的左上角开始顺序编号，在两边注写。

图中每一个分区的代号用分区所在的"行"与"列"的两个代号组合表示，如图4—7a中的"B4"（区）、"C2"（区）等。

其中"B4"的含义是：B代表图纸上的B行，4代表图纸上的4列。

复杂电气设备的电气图纸往往有多张，15/B4代表某电气设备电路图第15张图的B行、第4列。

通用分区方式的示例如图4—8所示。其中图4—8a日光灯电路中的启动器（S）在图中的A4区，电源开关在C2区；图4—8b收音机中频放大电路中的电阻R_1在图中的B2区。

（5）当图幅太小、电路太简单时就没必要分区了。例如图4—8a仅仅是向初学者说明图幅分区的作用和意义，而实际运用中，这种一目了然的电路在图纸中根本没有必要分区。

2. 机床电气设备电路图分区方式

在某些电路图中，例如机床电气设备电路图，由于其控制电路内支路数较多，同时各个支路中的元器件布置及功能又不相同，其图幅分区可采用图4—7b所示的方法。

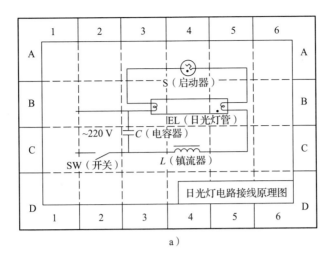

a)

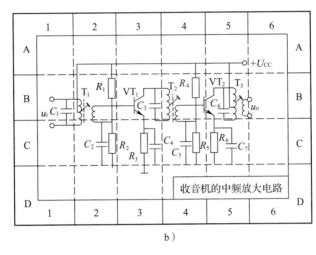

b)

图4—8 通用分区方式示例

这种方法只对图的一个方向分区，根据电路的布置方式选定。例如电路垂直布置时，只作横向分区。分区数不限，各个分区的长度也可以不等，视支路内元器件多少而定，一般是一个支路一个分区。分区顺序编号方式不变，但只需要单边注写，其对边则另行划区，标注电路中主要设备或各支路的名称、功能等，称为用途区。两对边的分区长度也可以不一样。由于这种分法不影响分区检索，还能直接反映电路的功能及用途，因此更有利于读图。采用这种分区方法的示例如图4—9所示。

四、电气图的标注

在电气图中，若不便用图形符号表达某种含义时，如技术参数，可用注释或加标记的方法解决。所加注释的位置一般在被注释的元件旁边，当所加标记或注释很多时，可以按一定顺序列在标题栏上方，如果有多张图纸，往往位于第一页的标题栏上方。手工绘制电气图标注的位置通常和机械制图要求相同，水平放置的元件一般标注在上方，竖直放置的元件一般标注在左边。电气元件标注示例如图4—10所示。

第❹章 电气识图基本知识

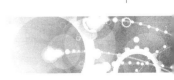

电工基础 ───────

企业新型学徒制培训教材

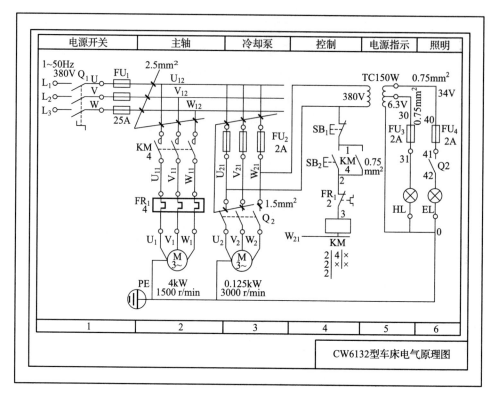

图4—9 机床电气设备电路图分区方式示例

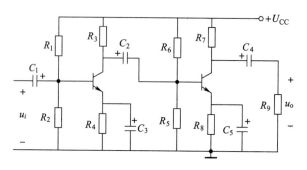

图4—10 电气元件标注示例

五、电气图的分类

1. 电气图、表的种类

（1）系统图或框。用符号或带注释的框，概略表示系统或分系统的基本组成、相互关系及其主要特征的一种简图。

（2）电路图。用图形符号并按工作顺序排列，详细表示电路、设备或成套装置的全部组成和连接关系，而不考虑其实际位置的一种简图。目的是便于详细理解作用原理、分析和计算电路特性。

（3）功能图。表示理论的或理想的电路而不涉及实现方法的一种图，其用途是提供绘制电路图或其他有关图的依据。

128

（4）逻辑图。主要用二进制逻辑（与、或、异或等）单元图形符号绘制的一种简图，其中只表示功能而不涉及实现方法的逻辑图叫纯逻辑图。

（5）功能表图。表示控制系统的作用和状态的一种图。

（6）等效电路图。表示理论的或理想的元件（如 R、L、C）及其连接关系的一种功能图。

（7）程序图。详细表示程序单元和程序片及其互连关系的一种简图。

（8）设备元件表。把成套装置、设备和装置中各组成部分和相应数据列成的表格，表示各组成部分的名称、型号、规格和数量等。

（9）端子功能图。表示功能单元全部外接端子，并用功能图、表图或文字表示其内部功能的一种简图。

（10）接线图或接线表。表示成套装置、设备或装置的连接关系，用以进行接线和检查的一种简图或表格。

单元接线图或单元接线表：表示成套装置或设备中一个结构单元内的连接关系的一种接线图或接线表（结构单元指在各种情况下可独立运行的组件或某种组合体）。

互连接线图或互连接线表：表示成套装置或设备的不同单元之间连接关系的一种接线图或接线表（线缆接线图或接线表）。

端子接线图或端子接线表：表示成套装置或设备的端子，以及接在端子上的外部接线（必要时包括内部接线）的一种接线图或接线表。

电费配置图或电费配置表：提供电缆两端位置，必要时还包括电费功能、特性和路径等信息的一种接线图或接线表。

（11）数据单。对特定项目给出详细信息的资料。

（12）简图或位置图。指用图形符号绘制的图，用来表示一个区域或一个建筑物内成套电气装置中的元件位置和连接布线。

2. 常用电气图及举例

常用的电气图包括电气原理图、电气元件布置图、电气安装接线图。

用图形符号、文字符号、项目代号等表示电路各个电气元件之间的关系和工作原理的图称为电气原理图，如图 4—11a 所示。电气原理图结构简单、层次分明，适用于研究和分析电路工作原理，并可为寻找故障提供帮助，同时也是编制电气安装接线图的依据，因此在设计部门和生产现场得到广泛应用。

根据电气元件的外形，并标出各电气元件的间距尺寸所绘制的图称电气元件布置图，如图 4—11b 所示。电气元件布置图主要是表明电气设备上所有电气元件的实际位置，为电气设备的安装及维修提供必要的资料，它不表达各电气元件的具体结构、作用、接线情况及工作原理。

根据电路图及电气元件布置图绘制的表示各电气设备、电气元件之间实际接线情况的图称电气安装接线图，如图 4—11c 所示。电气安装接线图主要用于电气设备的安装配线、线路检查、线路维修和故障处理。在图中要标注出外部接线所需的数据。

六、电气图的识读方法

（1）看图纸说明，抓住识读重点，了解图纸目录、技术说明、元器件明细表及施工说明等。

第**4**章　电气识图基本知识

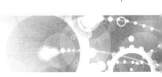

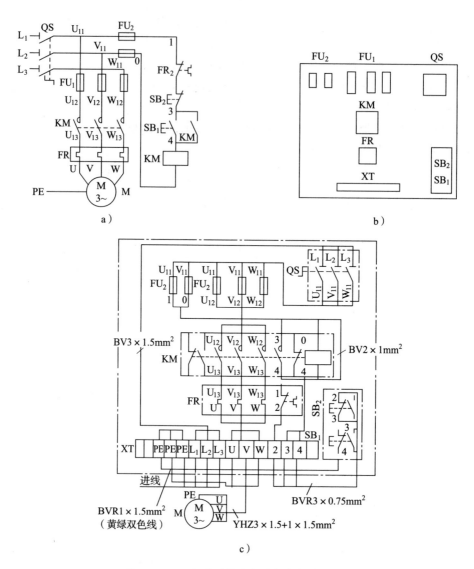

图 4—11　三相笼型异步电动机电气控制图

a）电气原理图　b）电气元件布置图　c）电气安装接线图

（2）分清电路性质，抓住电气原理图的主电路和控制电路、直流电路和交流电路。

（3）找准识读顺序，抓住先主电路、后控制电路的识读方法。

识读主电路：通常从下往上看，先从电动机开始，经控制元件，依次到电源。

识读控制电路：通常从左往右、从上往下看，先看电源，再依次到各回路，分析各回路元件的工作情况与主电路的控制关系。

第 2 节

电气符号

电气图中的符号主要包括文字符号、图形符号、项目代号和回路标号等。

一、文字符号

电气技术文字符号分基本文字符号和辅助文字符号两类。在电气图中一般标注在电气设备、装置和元器件图形符号上或其近旁，以标明电气设备、装置和元器件的名称、功能、状态和特征。

基本文字符号主要表示电气设备、装置和元器件的种类名称，分为单字母符号和双字母符号。

1. 单字母符号

单字母符号用拉丁字母将各种电气设备、装置和元器件分为 23 类，每大类用一个大写字母表示。单字母符号见表 4—3。

表 4—3　　　　　　　　　　　　　　　单字母符号

字母代码	项目种类	举　　例
A	组件、部件	分离元件放大器、磁放大器、激光器、微波激发器、印制电路板等组件、部件
B	变换器（从非电量到电量或相反）	热电传感器、热电偶、光电池、测功计、晶体换能器、麦克风、扬声器、耳机、自整角机、旋转变压器等
C	电容器	
D	二进制单元、延迟器件、存储器件	数字集成电路和器件、延迟线、双稳态元件、单稳态元件、磁芯存储器、寄存器、磁带记录机、盘式记录机
E	杂项	光器件、热器件等元件
F	保护器件	熔断器、过电压放电器件、避雷器
G	发电机电源	旋转发电机、旋转变频机、电池、振荡器、石英晶体振荡器
H	信号器件	光指示器、声指示器
K	继电器、接触器	

字母代码	项目种类	举例
L	电感器或电抗器	感应线圈、线路陷波器、电抗器（并联和串联）
M	电动机	
N	模拟集成电路	运算放大器、模拟/数字混合器件
P	测量设备、试验设备	指示、记录、计算、测量设备、信号发生器、时钟
Q	电力电路的开关	断路器、隔离开关
R	电阻器	可变电阻器、电位器、变阻器、分流器、热敏电阻
S	控制电路的开关选择器	控制开关、按钮、限制开关、选择开关、选择器、拨号接触器
T	变压器	电压互感器、电流互感器
U	调制器、变换器	鉴频器、解调器、变频器、编码器、逆变器、变流器、电报译码器
V	电真空器件、半导体器件	电子管、气体放电管、晶体管、晶闸管、二极管
W	传输通道、波导、天线	导线、电缆、母线、波导、波导定向耦合器、偶极天线、抛物面天线
X	端子、插头、插座	插头和插座、测试塞孔、端子板、焊接端子、连接片、电缆封端和接头
Y	电气操作的机械装置	制动器、离合器、气阀
Z	终端设备、混合变压器、滤波器、均衡器、限幅器	电缆平衡网络、压缩扩展器、晶体滤波器、网络

2. 双字母符号

双字母符号是由一个表示种类的单字母符号与另一个表示同一类电气设备、装置和元器件的不同用途、功能、状态和特征的字母组成，种类字母在前，功能名称字母在后。双字母符号见表4—4。

表4—4　　　　　　　　　　**双字母符号**

类别	名称	符号	类别	名称	符号
A	电桥	AB	E	发热器件	EH
	晶体管放大器	AD		照明灯	EL
	集成电路放大器	AJ		空气调节器	EV
	磁放大器	AM	F	具有瞬时动作的限流保护器件	FA
	电子管放大器	AV		具有延时动作的限流保护器件	FR
	印制电路板	AP		具有瞬时和延时动作的限流保护器件	FS
B	压力变换器	BP		熔断器	FU
	位置变换器	BQ		限压保护器件	FV
	旋转变换器（测速发电机）	BR	G	同步发电机、发生器	GS
	温度变换器	BT		异步发电机	GA
	速度变换器	BV		蓄电池	GB
				变频机	GF

续表

类别	名称	符号	类别	名称	符号
H	声光指示器	HA	R	电位器	RP
	光指示器	HL		测量分路表	RS
	指示灯	HL		热敏电阻器	RT
				压敏电阻器	RV
K	瞬时接触继电器	KA	S	控制开关	SA
	交流继电器	KA		选择开关	SA
	闭锁接触继电器	KL		按钮开关	SB
	双稳态继电器	KL		压力传感器	SP
	接触器	KM		位置传感器	SQ
	极化继电器	KP		转数传感器	SR
	延时继电器	KT		温度传感器	ST
	热继电器	KR			
L	限流电抗器	LC	T	电流互感器	TA
	启动电抗器	LS		电力变压器	TM
	滤波电抗器	LF		磁稳压器	TS
				电压互感器	TV
M	同步电动机	MS	V	电子管	VE
	调速电动机	MA		控制电路用电源的整流器	VC
	笼型电动机	MC			
P	电流表	PA	X	连接片	XB
	（脉冲）计数器	PC		测试插孔	XJ
	电能表	PJ		插头	XP
	记录仪器	PS		插座	XS
	电压表	PV		端子板	XT
	时钟、操作时间表	PT	Y	电磁铁	YA
Q	断路器	QF		电磁制动器	YB
	电动机保护开关	QM		电磁离合器	YC
	隔离开关	QS		电磁吸盘	YH
				电动阀	YM
				电磁阀	YV

3. 辅助文字符号

电气设备、装置和元件的种类名称用基本文字符号表示，而它们的功能、状态和特征用辅助文字符号表示，辅助文字符号基本上是英文词语的缩写，例如，"启动"采用"START"的前两位字母"ST"作为辅助文字符号，另外辅助文字符号也可单独使用，如"N"表示交流电源的中性线，"OFF"表示断开，"DC"表示直流等。电气工程常用辅助文字符号见表 4—5。

第4章 电气识图基本知识

表 4—5 电气工程常用辅助文字符号

序号	文字符号	名称	序号	文字符号	名称
1	A	电流	37	M	主
2	A	模拟	38	M	中
3	AC	交流	39	M	中间线
4	A AUT	自动	40	M MAN	手动
5	ACC	加速	41	N	中性线
6	ADD	附加	42	OFF	断开
7	ADJ	可调	43	ON	闭合
8	AUX	辅助	44	OUT	输出
9	ASY	异步	45	P	压力
10	B BRK	制动	46	P	保护
			47	PE	保护接地
11	BK	黑	48	PEN	保护接地与中性线共用
12	BL	蓝	49	PU	不接地保护
13	BW	向后	50	R	记录
14	C	控制	51	R	右
15	CW	顺时针	52	R	反
16	CCW	逆时针	53	RD	红
17	D	延时（延迟）	54	R RST	复位
18	D	差动			
19	D	数字	55	RES	备用
20	D	降	56	RUN	运转
21	DC	直流	57	S	信号
22	DEC	减	58	ST	启动
23	E	接地	59	S SET	置位，定位
24	EM	紧急			
25	F	快速	60	SAT	饱和
26	FB	反馈	61	STE	步进
27	FW	正，向前	62	STP	停止
28	GN	绿	63	SYN	同步
29	H	高	64	T	温度
30	IN	输入	65	T	时间
31	INC	增	66	TE	无噪声（防干扰）接地
32	IND	感应	67	V	真空
33	L	左	68	V	速度
34	L	限制	69	V	低压
35	L	低	70	WH	白
36	LA	闭锁	71	YE	黄

二、图形符号

（1）图形符号是用于图样或其他文件以表示一个设备或概念的图形、标记或字符。图形符号是通过书写、绘制、印刷或其他方法产生的可视图形，以简明易懂的方式来传递一种信息，表示一个实物或概念，并可提供有关条件、相关性及动作信息。

（2）图形符号由一般符号、符号要素、限定符号等组成。

一般符号指简单的代表一类元件的符号，符号要素、限定符号是对某一元件的一个说明，见表4—6。

表4—6　　　　　　　　　　　一般符号、符号要素、限定符号

名　称	图　　例	说　　明
一般符号	（继电器线圈）	表示某类产品特征的简单符号
符号要素	$I>$（过电流继电器线圈）	具有确定意义的简单图形，必须同其他图形（一般符号、限定符号及物理量符号）组合以构成一个完整的设备或概念
限定符号	（有极性电容器）	用来提供附加信息的符号，一般不能单独使用，但一般符号有时也可用作限定符号

表4—7中给出了几种电气元件的实物图及在电气原理图中与之对应的图形符号与字母代号的例子。

表4—7　　　　　　　　　　几种电气元件的图形符号与字母代号

电气元件名称	图形符号	文字符号（字母代号）
测量仪器（一般）	*	V（电压表） A（电流表）
工作装置 继电器线圈		K

第❹章　电气识图基本知识

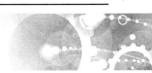

续表

电气元件名称	图形符号	文字符号（字母代号）
电容器 	⊥⊤ ⊥⊤ （有极性）	C
电铃		HAB（EB、PB）
蜂鸣器		HAB（PBU）
指示灯	色标符号 ⊗ R—红　G—绿 Y—黄　R—蓝 U—橙　W—白	HL（PL）
变压器	3 2 1	T
整流器		VR
电阻器		R
熔断器 （开放式） （封闭式）		FU

表4—7中，像"○""[]""▭""△"等是构成图形符号的基本要素；而将符号要素根据要求画出引线端及加上标注，如"⌒"（电铃）、"▽"（蜂鸣器）、"⊏⊐"（继电器或接触器线圈）、"[]"（电阻）、"[]"（熔断器）、"-Ⓐ-"（电流表）、"⊥"（有极性电容器）等就成为某一类电器、电气元件或部件的图形符号。

为了符合电气设备中不同电路功能的需求，同一类电器会有许多不同品种，如继电器就有中间继电器、时间继电器、电流继电器、电压继电器等许多种，这些继电器在电气图中的一般符号都是相同的。但是为了区分不同功能的继电器，就要在一般符号上标限制性符号，限制性符号与一般符号共同构成具有某种功能的电器、电气元件或部件，如图4—12～图4—16所示。常用电气图形符号见表4—8。

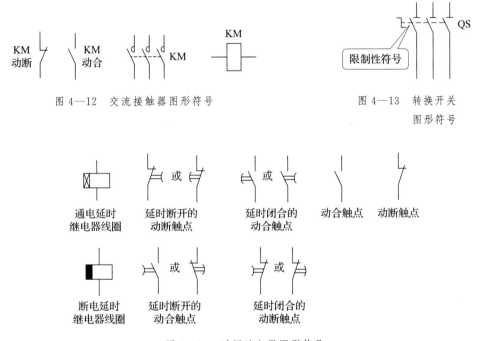

图4—12　交流接触器图形符号

图4—13　转换开关图形符号

图4—14　时间继电器图形符号

图4—15　热继电器图形符号

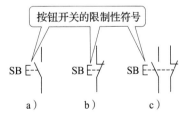

图4—16　按钮开关图形符号

a）常开触点　b）常闭触点

c）复合触点

第❹章　电气识图基本知识

表 4—8 　　　　　　　　　　　　　　**常用电气图形符号**

符号	图形符号	说明
1		开关（机械式）电气图形符号
2		多极开关一般符号单线表示
3		多极开关一般符号多线表示
4		接触器（在非动作位置触点断开）
5		接触器（在非动作位置触点闭合）
6		负荷开关（负荷隔离开关）
7		具有自动释放功能的负荷开关
8		熔断器式断路器
9		断路器
10		隔离开关
11		熔断器一般符号
12		跌落式熔断器
13		熔断器式开关
14		熔断器式隔离开关

续表

符号	图形符号	说明
15		熔断器式负荷开关
16		当操作器件被吸合时延时闭合的动合触点
17		当操作器件被释放时延时闭合的动合触点
18		当操作器件被释放时延时闭合的动断触点
19		当操作器件被吸合时延时闭合的动断触点
20		当操作器件被吸合时延时闭合和释放时延时断开的动合触点
21		按钮开关（不闭锁）
22		旋钮开关、旋转开关（闭锁）
23		位置开关，动合触点 限制开关，动合触点

第❹章 电气识图基本知识

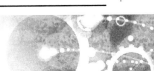

符号	图形符号	说明
24		位置开关，动断触点 限制开关，动断触点
25	θ	热敏开关，动合触点 注：θ可用动作温度代替
26		热敏自动开关，动断触点 注意区别此触点和热继电器的触点
27		具有热元件的气体放电管荧光灯启动器
28		动合（常开）触点 注：本符号也可用作开关一般符号
29		动断（常闭）触点
30		先断后合的转换触点
31		当操作器件被吸合或释放时，暂时闭合的过渡动合触点
32		座（内孔的）或插座的一个极
33		插头（凸头的）或插头的一个极
34		插头和插座（凸头的和内孔的）

续表

符号	图形符号	说明
35		接通的连接片
36		换接片
37		双绕组变压器
38		三绕组变压器
39		自耦变压器
40		电抗器 扼流圈
41		电流互感器 脉冲变压器
42		具有两个铁芯和两个二次绕组的电流互感器
43		在一个铁芯上具有两个二次绕组的电流互感器
44		具有有载分接开关的三相三绕组变压器，有中性点引出线的星形—三角形连接
45		三相三绕组变压器，两个绕组为有中性点引出线的星形，中性点接地，第三绕组为开口三角形连接

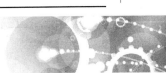

符 号	图形符号	说 明
46		三相变压器 星形—三角形连接
47		具有有载分接开关的三相变压器 星形—三角形连接
48		三相变压器 星形—曲折形连接
49		操作器件一般符号
50		具有两个绕组的操作器件组合表示法
51		热继电器的驱动器件
52		气体继电器
53		自动重闭合器件
54		电阻器一般符号

续表

符号	图形符号	说明
55		可变电阻器 可调电阻器
56		滑动触点电位器
57		预调电位器
58		电容器一般符号
59		可变电容器 可调电容器
60		双联可调可变电容器
61	(*)	指示仪表（星号必须按规定予以代替）
62	(V)	电压表
63	(A)	电流表
64	(A)(Isinφ)	无功电流表电气图形符号
65	→(W)(Pmax)	最大需量指示器（由一台积算仪表操作的）
66	(var)	无功功率表
67	(cosφ)	功率因数表
68	(Hz)	频率表
69	(θ)	温度计、高温计（θ 可由 t 代替）
70	(n)	转速表
71	*	积算仪表、电能表（星号必须按规定予以代替）
72	Ah	安培小时计
73	Wh	电能表（瓦特小时表）

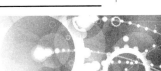

符号	图形符号	说明
74	varh	无功电能表
75	Wh →	带发送器电能表
76	→ Wh	由电能表操纵的遥测仪表（转发器）
77	→ Wh	由电能表操纵的带有打印器材的遥测仪表（转发器）
78		屏、盘、架一般符号 注：可用文字符号或型号表示设备名称
79		列架一般符号
80		人工交换台、中断台、测量台、业务台等一般符号

三、项目代号

项目代号是用以识别图、表图、表格中和设备上的项目种类，并提供项目的层次关系、实际位置等信息的一种特定的代码。项目代号是由拉丁字母、阿拉伯数字、特定的前缀符号按照一定规则组合而成的代码。

一个完整的项目代号含有四个代号段：

（1）高层代号段，其前缀符号为"＝"。

（2）种类代号段，其前缀符号为"－"。

（3）位置代号段，其前缀符号为"＋"。

（4）端子代号段，其前缀符号为"："。

1．种类代号

种类代号是用以识别项目种类的代号。有如下三种表示方法。

（1）由字母代码和数字组成。

种类代号段的前缀符号＋项目种类的字母代码＋同一项目种类的序号（－K2M）

前缀符号＋种类的字母代码＋同一项目种类的序号＋项目的功能字母代码

（2）用顺序数字（1、2、3…）表示图中的各个项目，同时将这些顺序数字和它所代表的项目排列于图中或另外的说明中，如－1、－2、－3…。

（3）对不同种类的项目采用不同组别的数字编号。如对电流继电器用 11、12、13…。如用分开表示法表示的继电器，可在数字后加"．"。

2. 高层代号

高层代号是指系统或设备中任何较高层次（对给予代号的项目而言）项目的代号。如 S2 系统中的开关 Q3，表示为＝S2－Q3，其中＝S2 为高层代号。

3. 位置代号

位置代号指项目在组件、设备、系统或建筑物中的实际位置的代号。位置代号由自行规定的拉丁字母或数字组成。在使用位置代号时，就给出表示该项目位置的示意图。

如＋204＋A＋4 可写为＋204A4，意思为 A 列柜装在 204 室第 4 机柜。

4. 端子代号

端子代号通常不与前三段组合在一起，只与种类代号组合，可采用数字或大写字母。如 －S4：A 表示控制开关 S4 的 A 号端子；－XT：7 表示端子板 XT 的 7 号端子。

5. 项目代号的应用举例

＝高层代号段—种类代号段（空格）＋位置代号段。

其中高层代号段对于种类代号段是功能隶属关系，位置代号段对于种类代号段来说是位置信息。

【例 4—1】 ＝A1－K1＋C8S1M4 表示 A1 装置中的继电器 K1，位置在 C8 区间 S1 列控制柜 M4 柜中。

【例 4—2】 ＝A1P2－Q4K2＋C1S3M6 表示 A1 装置 P2 系统中的 Q4 开关中的继电器 K2，位置在 C1 区间 S3 列操作柜 M6 柜中。

四、回路标号

电气设备的电路图中，各导线及连接端子都有统一规定的回路编号和标号，以便于分类查找、施工安装、检测及维修。

图 4—17 是一简单电路的回路标号示意图。

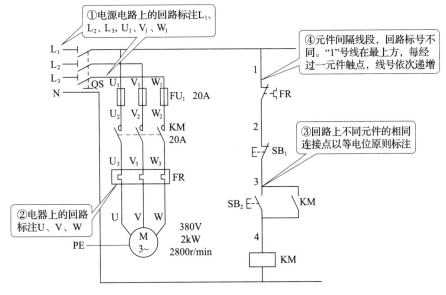

图 4—17　电路图中的回路标号

第 **④** 章　电气识图基本知识

第5章

常用低压电器

本章主要介绍电工在日常作业中经常接触到的常用低压电器基本功能、工作原理、维护检测方法，以及故障判断方法。本章内容与实际工作结合紧密，需在实际操作中增强理解。

第 1 节

低压断路器

一、低压断路器的作用

断路器又称自动开关，是指能接通、承载以及分断正常电路条件下的电流，也能在规定的非正常电路条件（如短路）下接通、承载一定时间和分断电流的一种机械开关电器。按规定条件，断路器可对配电电路、电动机或其他用电设备实行通断操作并起保护作用，即当电路内出现过载、短路或欠电压等情况时它能自动分断电路。

通俗地讲，断路器是一种可以自动切断故障线路的保护开关，它既可用来接通和分断正常的负载电流，也可用来接通和分断短路电流，在正常情况下还可以用于不频繁地接通和断开电路。

断路器具有动作值可调整、兼具控制和保护两种功能、安装方便、分断能力强等优点，特别是在分断故障电流后一般不需要更换零部件，因此应用非常广泛。断路器的外形如图5—1所示。

二、常用低压断路器的图形符号和文字符号

常用低压断路器的图形符号和文字符号如图5—2所示。

三、低压断路器的选用原则

（1）根据线路对保护的要求确定低压断路器的类型和保护形式。

1）低压断路器的类型有万能式低压断路器、塑壳式低压断路器、微型断路器。

2）低压断路器保护形式有两段保护（过载长延时、短路短延时），三段保护（过载长延时、短路短延时、严重短路瞬动），四段保护（过载长延时、短路瞬时和短延时、单相接地）。

（2）低压断路器的额定电压应等于或大于被保护线路的额定电压。

（3）低压断路器欠压脱扣器额定电压应等于被保护线路的额定电压。

（4）低压断路器的额定电流及过流脱扣器的额定电流应大于或等于被保护线路的计算电流。

DZ10 断路器

DZS 断路器

NM1 系列塑壳式断路器

YTAM1 系列塑壳式低压断路器

DW45 断路器

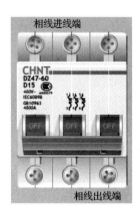

相线进线端

相线出线端

图 5—1   断路器外形

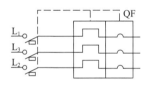

图 5—2   常用低压断路器的图形符号和文字符号

（5）低压断路器的极限分断能力应大于线路的最大短路电流的有效值。

（6）配电线路中的上、下级低压断路器的保护特性应协调配合，下级的保护特性应位于上级保护特性的下方且不相交。

（7）低压断路器的长延时脱扣电流应小于导线允许的持续电流。

四、万能式低压断路器

万能式低压断路器有固定式、抽屉式两种安装方式，手动和电动两种操作方式，具有多段式保护特性，主要用于配电回路的总开关和保护。万能式低压断路器容量较大，可装设较多的脱扣器，辅助触点的数量也较多。不同的脱扣器组合可产生不同的保护特性，有选择型或非选择型配电用断路器及有反时限动作特性的电动机保护用断路器。容量较小（如 600 A 以下）的万能式低压断路器多用电磁机构传动；容量较大（如 1 000 A 以上）的万能式低压断路器则多用电动机机构传动。如图 5—3 所示为 DW15HH—2000 系列多功能断路器结构。

DW15HH—2000 系列多功能断路器适用于交流 50 Hz、额定电压 400 V（690 V）、额定电流 630～4 000 A 的配电网络中，用于分配电能和保护线路，及使电源设备免受过载、欠

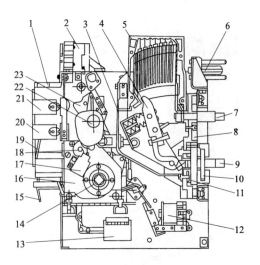

图5—3　DW15HH—2000系列多功能断路器结构

1—手柄　2—辅助触点　3—罩　4—动触点　5—灭弧室　6—辅助电路动隔离触点　7—上母线
8—基座　9—下母线　10—速饱和互感器　11—空心互感器　12—分励脱扣器　13—释能电磁铁
14—机构方轴　15—储能指标牌　16—机构　17—磁通变换器　18—脱扣半轴　19—分合闸指示牌
20—断开按钮　21—闭合按钮　22—主轴　23—反回弹机构

电压、短路、单相接地等故障的危害。该断路器具有多种智能保护功能，做到选择性保护，可避免不必要的停电，提高电网运行的安全性、可靠性。

五、塑壳式低压断路器

塑壳式低压断路器的主要特征是有一个采用聚酯绝缘材料模压而成的外壳，所有部件都装在这个封闭外壳中。接线方式分为板前接线和板后接线两种。大容量产品的操作机构采用储能式，小容量（50 A以下）常采用非储能式闭合，操作方式多为手柄扳动式。塑壳式低压断路器多为非选择型，根据断路器在电路中的不同用途，分为配电用断路器、电动机保护用断路器、其他负载（如照明）用断路器等，常用于低压配电开关柜（箱）中，作配电线路、电动机、照明电路及电热器等设备的电源控制开关及保护。在正常情况下，断路器可分别用于线路的不频繁转换及电动机的不频繁启动。几种塑壳式低压断路器外形如图5—4所示。

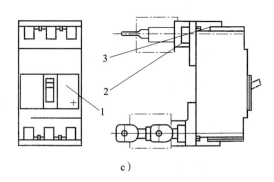

a）　　　　　　　　　b）　　　　　　　　　c）

图5—4　塑壳式低压断路器外形

a）MZM型　b）DZ20C 400型　c）塑壳式低压断路器板后接线示意图

1—断路器　2—接线座　3—绝缘罩

现以 DZ20 系列塑壳式低压断路器为例，说明其基本结构特点。断路器由绝缘外壳、操作机构、灭弧系统、触点系统和脱扣器四个部分组成。断路器的操作机构采用传统的四连杆结构，具有弹簧储能，快速"合""分"的功能，具有使触点快速合闸和分断的功能，其"合""分""再扣"和"自由脱扣"位置以手柄位置来区分。灭弧系统由灭弧室和其周围的绝缘封板、绝缘夹板组成。绝缘外壳由绝缘底座、绝缘盖、进出线端的绝缘封板组成。绝缘底座和盖是断路器提高通断能力、缩小体积、增加额定容量的重要部件。触点系统由动触点、静触点组成。630 A 及以下的断路器，其触点为单点式。1 250 A 断路器的动触点由主触点及弧触点组成。

DZ20 系列塑壳式低压断路器的脱扣器分为过载（长延时）脱扣器（热脱扣器）、短路（瞬时）脱扣器（电磁脱扣器）两种。过载脱扣器如图 5—5 所示，为双金属片式结构，受热弯曲推动牵引杆，有反时限动作特性。短路脱扣器如图 5—6 所示，采用电磁式结构。

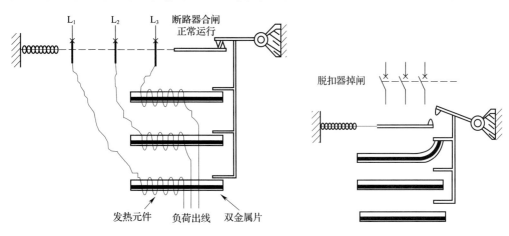

图 5—5 热脱扣器

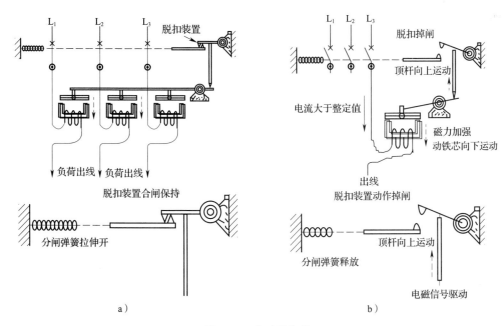

图 5—6 电磁脱扣器

a）断路器脱扣器的合闸工作状态 b）断路器脱扣器的保护动作状态

第**5**章 常用低压电器

六、微型断路器

模数化微型断路器是终端电器中的一大类，是组成终端组合电器的主要部件之一。终端电器是指装于线路末端的电器，该处的电器对有关电路和用电设备进行配电、控制、保护等。模数化微型断路器内部结构示意图如图5—7所示。断路器的短路保护由电磁脱扣器完成，过载保护采用双金属片式热脱扣器，该系列断路器可用于线路、交流电动机等的电源控制开关及过载、短路等保护，应用广泛。常用型号有C65、DZ47、DZ187、XA、MC等。如图5—8、图5—9所示是微型断路器的外观、外形尺寸和安装导轨尺寸示意图。

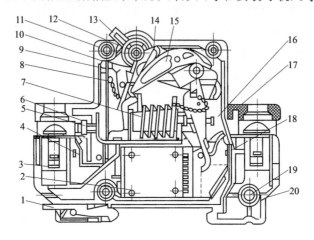

图5—7　模数化微型断路器内部结构示意图

1—安装卡子　2—灭弧罩　3—接线端子　4—连接排　5—热脱扣调节螺栓　6—嵌入螺母
7—电磁脱扣器　8—热脱扣器　9—锁扣　10、11—复位弹簧　12—手柄轴　13—手柄
14—U形连杆　15—脱钩　16—盖　17—防护罩　18—触点　19—铆钉　20—底座

图5—8　模数化微型断路器的外观

a）1P（单极）　b）2P（两极）　c）3P（三极）　d）4P（四极）

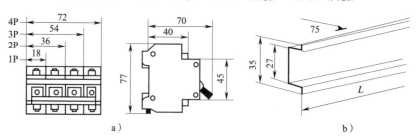

图5—9　模数化微型断路器外形尺寸和安装导轨尺寸示意图

a）外形尺寸和安装尺寸图　b）安装导轨尺寸图

七、AE 智能断路器的外形结构图

AE 智能断路器的外形结构如图 5—10 所示。

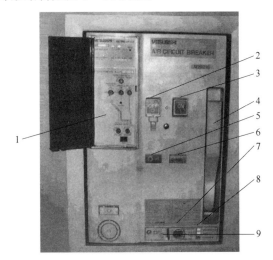

图 5—10　AE 智能断路器的外形结构

1—智能控制器　2—分闸开关　3—合闸开关　4—手动储能手把　5—分闸/合闸状态显示

6—操作机构蓄能/释能状态显示　7—摇入/摇出操作孔　8—断路器位置显示　9—断路器联锁装置

八、ME 型断路器的外形结构图

ME 型断路器的外形结构如图 5—11 所示。

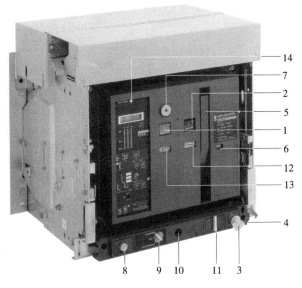

图 5—11　ME 型断路器的外形结构图

1—分断按钮（O）　2—闭合按钮（I）　3—"运行""退出"或"试验"位置的锁定装置　4—柜门联锁　5—机构储能手柄

6—操作计数器　7—"分断"位置锁定　8—摇把存放处　9—"运行""试验"及"退出"位置指示　10—推进（出）装置

11—"运行""退出"或"试验"位置的挂锁装置　12—储能机构状态指示器　13—主触点位置指示器

14—故障跳闸指示器/断路器复位按钮

第5章　常用低压电器

九、ABB 断路器的结构图

ABB 断路器的内部结构如图 5—12 所示。

ABB 断路器的外形结构如图 5—13 所示。

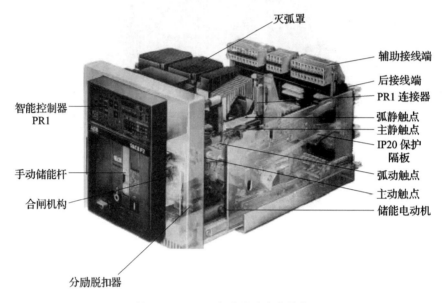

图 5—12　ABB 断路器的内部结构

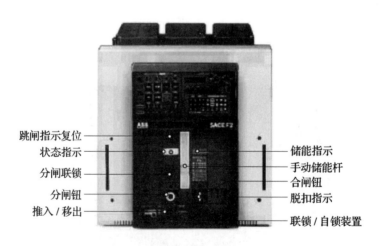

图 5—13　ABB 断路器的外形结构

十、PR1 智能控制器的外形结构图

PR1 智能控制器的外形结构如图 5—14 所示。

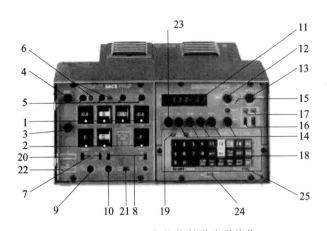

图 5—14 PR1 智能控制器外形结构

1—跳闸电流设定选择开关 2—跳闸时间设定选择开关 3—分断试验按钮

4—跳闸复位、微处理机故障和温度上升指示复位按钮 5—电磁跳闸指示灯 6—指示过电流

的预报警和报警信号灯 7—热记忆装置接通和断开的选择开关（L－S 保护） 8—选择时

间电流曲线的选择开关（S－G 保护） 9—极限温升电磁指示器（可发信号或跳闸并发信号，

当温度下降到 70℃以下时，它自动复位） 10—微处理机故障电磁指示器（可发信号或跳闸并发信号）

11—LED 显示被测参数 12—电流测量按钮（三相、中性和对地电流） 13—用于显示相电压和线电压

测量的按钮 14—用于测量 $\cos\varphi$－kW－Hz－操作次数和百分比触点磨损度的按钮 15—在断路器主触点

需要维修时发出报警的信号灯 16—区域选择联锁接入的选择开关 17—区域选择联锁被接入指示灯 18—电子

现场保护编程用和被编程的参数读数用键盘 19—现场/远距离编程选择指示 20—$I_{th}＝I_n$脱扣器的额定电流

（对应于电流互感器的额定初级电流） 21—对项目 9 或 10 的故障作报警或断路器跳闸的选择开关（备注：如果

只有 PR1/P 保护装置，就不能使用"脱开"位置。不过，该位置可用于 PR1/PA－PR1/PC－PR1/PCD 配置中）

22—PR1/P 脱扣器的序号 23—控制装置复位按钮 24—PR1/C 控制装置的序号 25—PR1/D 对话装置序号

十一、新一代智能型 NA8 系列万能式断路器 （见图 5—15）

1. 使用范围

NA8 系列万能式断路器主要用于配电网络中，用来分配电能，保护线路和电源设备，使其免受过载、短路、接地等故障危害。

2. 外形结构

NA8 系列万能式断路器的外形结构如图 5—16 所示。

抽屉座有三个工作位置：连接（connected）、试验（test）、分离（disconnected）。

断路器的本体部分必须放入抽屉座才能工作。操作步骤：本体部分放到抽屉座后，从摇柄存放孔取出手柄，将手柄插入摇柄工作孔并摇动，摇动的同时位置指示杆会自动转，当其指向连接位置时就到本体的工作位置，可以停止摇动手柄。

3. 断路器使用方法

（1）手动合闸步骤：扳动储能手柄→操作机构储能→标牌指示"储能"→按下合闸按钮→操作机构释能→断路器闭合→标牌指示"释能"，标牌由"0"转向"1"→电力线路通电。

（2）手动分闸步骤：断路器在闭合状态下，标牌指示"1"→按下分闸按钮→断路器分开→标牌由"1"转向"0"→电力线路断电。

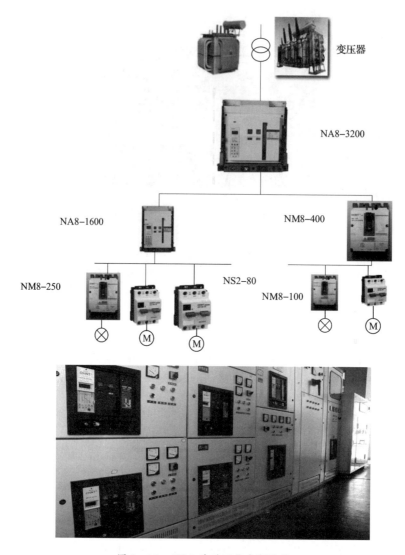

变压器

NA8-3200

NA8-1600

NM8-400

NM8-250

NS2-80

NM8-100

图 5—15　NA8 系列万能式断路器

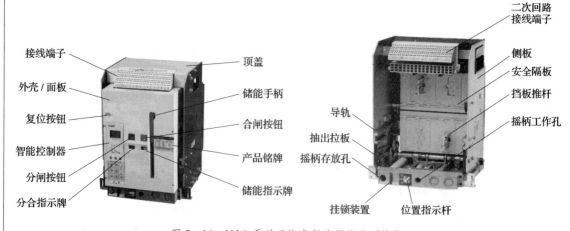

接线端子
外壳 / 面板
复位按钮
智能控制器
分闸按钮
分合指示牌

顶盖
储能手柄
合闸按钮
产品铭牌
储能指示牌

二次回路
接线端子
侧板
安全隔板
挡板推杆
摇柄工作孔

导轨
抽出拉板
摇柄存放孔
挂锁装置
位置指示杆

图 5—16　NA8 系列万能式断路器的外形结构

第2节

漏电保护器

一、漏电保护器的工作原理

漏电保护器的工作原理如图 5—17 所示。

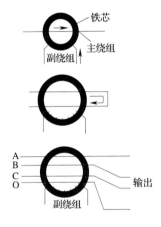

铁芯
主绕组
副绕组

当主绕组有交变电流时，使铁芯产生交变磁场，副绕组便产生交变电压

如果把主绕组反穿回去，再通入交变电流，副绕组不再有输出，原因是流过铁芯的电流大小相等，方向相反，在铁芯中不能产生磁场，副绕组电压为零

A
B
C
O
副绕组
输出

是触电保护器原理示意图，A、B、C、O四线同方向穿入铁芯，正常使用时，不管电流是否平衡，也不管是单相、三相还是四相，它们流过铁芯的电流之和为零，副绕组不产生电压。当负载或线路有漏电时，电流由输出端经大地返回变压器，没有经过铁芯圈内返回，使穿过铁芯的电流之和大于或小于零，铁芯中就有磁场产生，使副绕组产生电压，经放大控制开关断电

图 5—17 漏电保护器的工作原理

二、漏电保护器的结构

漏电保护器的种类繁多、形式各异。漏电保护器主要包括检测元件（零序电流互感器）、中间环节（包括放大器、比较器、脱扣器等）、执行元件（主开关）以及试验元件等部分，其组成框图如图 5—18 所示。

1. 检测元件

检测元件为零序电流互感器（又称漏电电流互感器），它由封闭的环形铁芯和一次、二次绕组构成，一次绕组中有被保护电路的相、线电流流过，二次绕组由漆包线均匀绕制而成。互感器的作用是把检测到的漏电电流信号（包括触电电流信号，下同）变换为中间环节可以接收的电压或功率信号。

2. 中间环节

中间环节的功能主要是对漏电信号进行处理，包括变换和比较，有时还需要放大。因

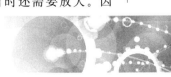

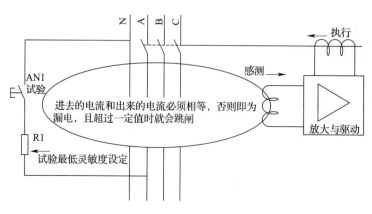

图 5—18　漏电保护器的组成框图

此，中间环节通常包括放大器、比较器及脱扣器（或继电器）等，不同形式的漏电保护器的中间环节是不同的。

3. 执行机构

执行机构为一触点系统，多为带有分励脱扣器的低压断路器或交流接触器，其功能是受中间环节的指令控制，用于切断被保护电路的电源。

三、常用漏电保护器的主要型号及规格

1. 电磁式漏电断路器

电磁式漏电断路器是一种不需经过中间环节，直接用电流互感器检测漏电电流所获取的能量去推动纯电磁结构的脱扣器而使主断路器动作的漏电断路器。典型产品有 DZ15L 系列等。

DZ15L 系列漏电断路器（见图 5—19）适用于交流 380 V 及以下，频率 50 Hz（或 60 Hz），额定电流 63 A 及以下的电路作漏电保护用，并兼有线路和电动机的过载与短路保护功能。

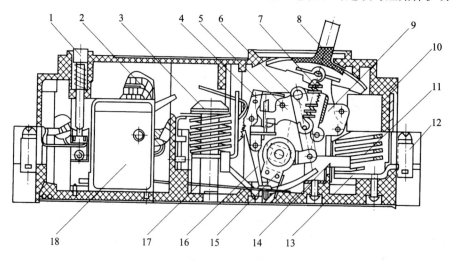

图 5—19　DZ15L 系列漏电断路器的结构

1—试验按钮部分　2—零序电流互感器　3—过电流脱扣器　4—锁扣及再扣　5—跳扣　6—连杆部分

7—拉簧　8—手柄　9—摇臂　10—塑料外壳　11—灭弧室　12—接线端　13—静触点　14—动触点

15—与转轴相连的复位推摆　16—推动杆　17—脱扣复位杆　18—漏电脱扣器

DZ15L 系列漏电断路器与其他漏电保护器相比有如下特点：

（1）抗电源电压波动性能好。即使在三相电源缺相的情况下，仍能可靠动作。

（2）绝缘耐压性能好。

（3）能承受严重的漏电短路电流的冲击。

（4）具有良好的平衡性。瞬时通以 6 倍额定电流时，不发生误动作。

（5）使用寿命长，损坏率低。

DZ15L 系列漏电断路器的缺点是体积较大、加工工艺要求偏高、售价偏高。

2. 电子式漏电断路器

电子式漏电断路器是一种用电子电路作为中间能量放大环节的漏电保护器，其内部电路种类较多，功能也不尽相同，故电子式漏电断路器类型很多。DZL18－20 系列电子式漏电断路器是使用最广泛的一种漏电保护器。

DZL18－20 系列电子式漏电断路器由零序电流互感器、专用集成电路、漏电脱扣器、主开关等主要部分组成，其电路原理图如图 5—20 所示。

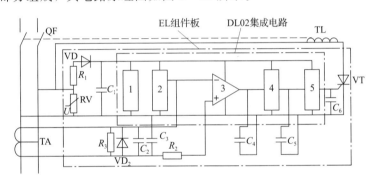

图 5—20　DZL18—20 系列电子式漏电断路器电路原理图

四、剩余电流动作 （漏电） 保护装置

剩余电流动作保护装置俗称漏电保护装置，是一种用于按 TN、TT、IT 要求接地的系统中，在配电回路对地泄漏电流过大、用电设备发生漏电故障及人体触电的情况下，防止事故进一步扩大的防护装置。它分为剩余电流动作保护开关和剩余电流动作保护继电器两类。剩余电流俗称漏电电流，一般地，人体触电表现为一个突变量，配电回路对地泄漏电流表现为一个缓变量。剩余电流的大小是指通过剩余电流保护器主回路的 AC、50 Hz 交流电流瞬时值的复数量有效值。对漏电流信号的检测通常采用零序电流互感器，将其一次侧漏电电流变换为其二次侧的交流电压，这一电压表现为一个突变量或缓变量，由电子电路将这一突变量或缓变量进行检波、放大等，再由执行电路控制执行电器（断路器或交流接触器）接通或分断线路，实现漏电保护器的基本功能，检测部分有电磁式和电子式两种，其原理如图 5—21a 所示。

零序电流互感器是漏电保护器的关键部件，通常用软磁材料坡莫合金制作，它具有很好的伏安特性，能正确反映突变漏电和缓变漏电，并且温度稳定性好、抗过载能力强，动作值范围在 10～500 mA 之间线性度较好，可不失真地进行变换。

用电设备漏电容易引起火灾，人体触电会造成人身伤亡事故。漏电故障包括配电回路对地泄漏电流过大、电气设备因绝缘损坏而使金属外壳或与之连接的金属构件带电，及人体触

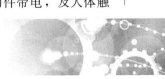

第 **⑤** 章　常用低压电器

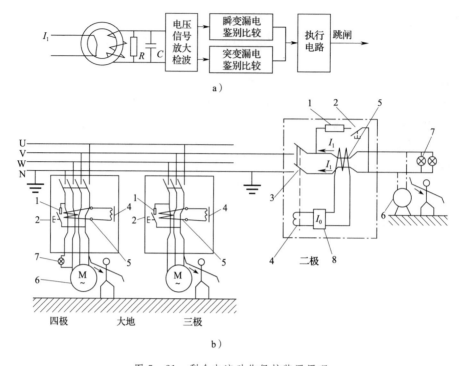

图 5—21　剩余电流动作保护装置原理

a）剩余电流动作保护器原理框图　b）二极、三极、四极漏电断路器工作原理示意图

1—试验电阻　2—试验按钮　3—断路器　4—漏电脱扣器　5—零序电流互感器　6—电动机　7—电灯负载

及电气设备的带电部位的电击等。因此，剩余电流动作保护器的正常工作状态应当是：当用电设备工作时没有发生漏电故障，漏电保护部分不动作；一旦发生漏电故障，漏电保护部分应迅速动作切断电路，以保护人体及设备的安全，并避免因漏电而造成火灾。反之，如果没有发生漏电故障，剩余电流动作保护器由于本身动作特性的改变或由于各种干扰信号而发生误动作，将电路切断，将导致用电电路不应有的停电事故或用电设备不必要的停运。这将降低供电可靠性，造成一定的经济损失。显然，漏电故障是不应频繁发生的，因此，剩余电流动作保护装置在较长的工作时间内都不会动作，一旦动作应当是准确可靠地动作，所以剩余电流动作保护装置属不频繁动作的保护电器，其通常与低压断路器组合，构成漏电断路器。

　　漏电断路器在正常情况下的功能、作用与低压断路器相同，作为不频繁操作的开关电器。当电路泄漏电流超过规定值时或有人被电击时，它能在安全时间内自动切断电源，起到保障人身安全和防止设备因发生泄漏电流造成火灾等事故。

　　漏电断路器由操作机构、电磁脱扣器、触点系统、灭弧室、零序电流互感器、漏电脱扣器、试验装置等部件组成。所有部件都置于绝缘外壳中。模数化微型断路器的漏电保护功能，是以漏电附件的结构形式提供的，需要时可与断路器组合而成。漏电脱扣器分为电磁式和电子式两种，区别是前者的漏电电流能直接通过脱扣器分断主开关，后者的漏电电流要经过电子放大线路放大后才能使脱扣器动作以分断主开关。漏电断路器的工作原理如图 5—21b 所示。

五、使用漏电保护器的要求

1. 安装前的检查

（1）根据电源电压、负荷电流及负载要求，选用 R.C.D 的额定电压、额定电流和极数。

（2）根据保护的要求，选用 R.C.D 的额定漏电动作电流（$I_{\Delta N}$）和额定漏电动作时间（Δt）。

（3）检查漏电保护器的外壳是否完好，接线端子是否齐全，手动操作机构是否灵活有效等。

2. 安装与接线注意事项

（1）应按规定位置进行安装，以免影响动作性能。在安装带有短路保护的漏电保护器时，必须保证在电弧喷出方向有足够的飞弧距离。

（2）注意漏电保护器的工作条件，在高温、低温、高湿、多尘以及有腐蚀性气体的环境中使用时，应采取必要的辅助保护措施，以防漏电保护器不能正常工作或损坏。

（3）注意漏电保护器的负载侧与电源侧。漏电保护器上标有负载侧和电源侧时，应按此规定接线，切忌接反。

（4）注意分清主电路与辅助电路的接线端子。对带有辅助电源的漏电保护器，在接线时要注意哪些是主电路的接线端子，哪些是辅助电路的接线端子，不能接错。

（5）注意区分工作中性线和保护线。对具有保护线的供电线路，应严格区分工作中性线和保护线。在进行接线时，所有工作相线与工作中性线必须接入漏电保护器，否则，漏电保护器将会产生误动作。而所有保护线绝对不能接入漏电保护器，否则，漏电保护器将会出现拒动现象。因此，通过漏电保护器的工作中性线和保护线不能合用。

（6）漏电保护器的漏电、过载和短路保护特性均由制造厂调整好，用户不允许自行调节。

（7）使用之前，应操作试验按钮，检验漏电保护器的动作功能，只有能正常动作方可投入使用。

（8）漏电保护器的接线如图 5—22 所示。

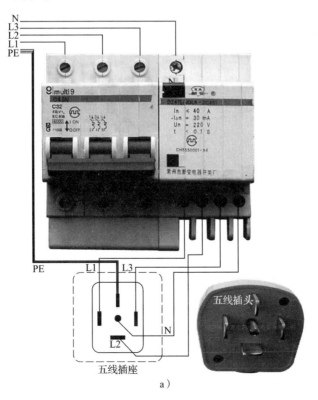

a）

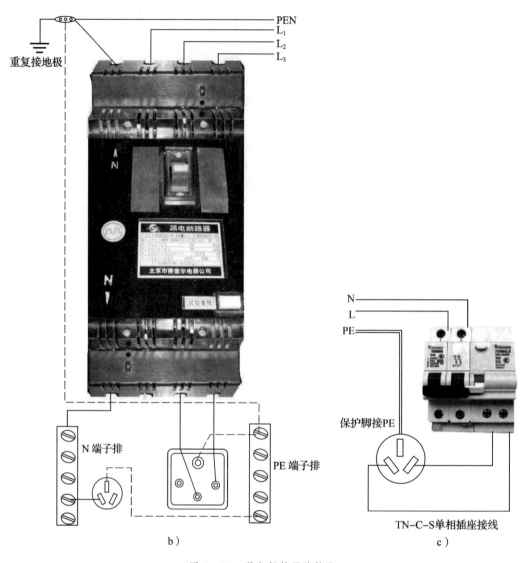

图 5—22 漏电保护器的接线

六、漏电保护器使用时的注意事项

（1）漏电保护器适用于电源中性点直接接地（TN－C 供电系统、TN－S 供电系统、TN－C－S 供电系统、TT 供电系统，见图 5—23）或经过电阻、电抗接地的低压配电系统。对于电源中性点不接地的系统，则不宜采用漏电保护器。因为后者不能构成泄漏电流回路，即使发生了接地故障，产生了大于或等于漏电保护器的额定动作电流，该保护器也不能及时动作切断电源回路；或者依靠人体接触故障点去构成泄漏电流回路，促使漏电保护器动作，切断电源回路，但是，这对人体不安全。显而易见，必须具备接地装置，电气设备发生漏电且漏电电流达到动作电流时，才能在 0.1 s 内立即跳闸，切断电源主回路。

（2）漏电保护器保护线路的工作中性线 N 要通过零序电流互感器。否则，在接通后，就会有一个不平衡电流使漏电保护器产生误动作。

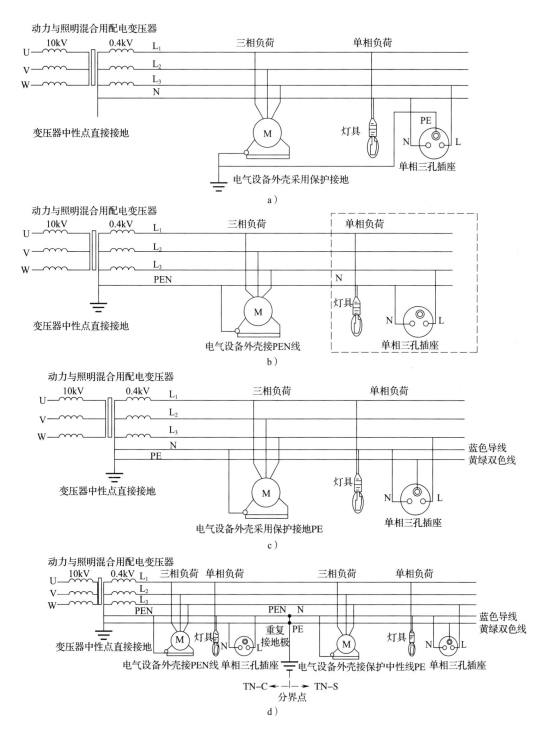

图 5—23　电源中性点直接接地系统

a）TT 供电系统　b）TN—C 供电系统　c）TN—S 供电系统　d）TN—C—S 供电系统

（3）接零保护线（PE）不准通过零序电流互感器。因为保护线路（PE）通过零序电流互感器时，漏电电流经 PE 保护线又回穿过零序电流互感器，导致电流抵消，而互感器上检测不出漏电电流值。在出现故障时，这会造成漏电保护器不动作，起不到保护作用。

（4）控制回路的工作中性线不能进行重复接地。一方面，重复接地时，在正常工作情况下，工作电流的一部分经由重复接地线回到电源中性点，在电流互感器中会出现不平衡电流，当不平衡电流达到一定值时，漏电保护器便产生误动作；另一方面，因故障漏电时，保护线上的漏电电流也可能穿过电流互感器的中性线回到电源中性点，抵消了电流互感器的漏电电流，而使保护器拒绝动作。

（5）漏电保护器后面的工作中性线 N 与保护线（PE）不能合并为一体。如果二者合并为一体，当出现漏电故障或人体触电时，漏电电流经由电流互感器回流，结果又与（3）相同，造成漏电保护器拒绝动作。

（6）被保护的用电设备与漏电保护器之间的各线互相不能碰接。如果出现线间相碰或零线间相接，会立刻破坏零序平衡电流值，而引起漏电保护器误动作；另外，被保护的用电设备只能并联安装在漏电保护器之后，接线保证正确，也不允许将用电设备接在试验按钮的接线处。

漏电保护器三级配置的接线示意图如图 5—24 所示。

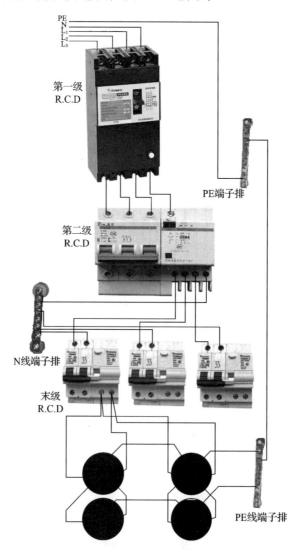

图 5—24　漏电保护器三级配置的接线示意图

第3节

交流接触器

一、交流接触器的作用

接触器是一种遥控电器,在机床电气自动控制中常用它来频繁地接通和切断交直流电路。它具有低电压释放保护功能,控制容量大,能实现远距离控制,因此在自动控制系统中,它的应用非常广泛。

二、交流接触器的结构

交流接触器主要由电磁系统、触点系统、灭弧装置等部分组成,如图5—25所示。

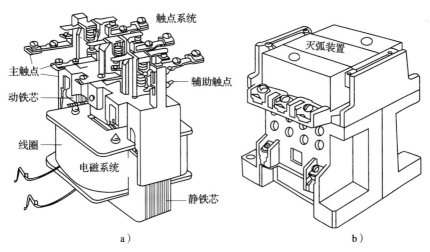

图 5—25 交流接触器

a)交流接触器内部结构 b)交流接触器外形

1. 电磁系统

电磁系统是用来控制触点闭合与断开的,包括线圈、动铁芯和静铁芯,如图5—26所示。

2. 触点系统

交流接触器的触点起断开或闭合电路的作用,要求触点的导电性能良好,所以触点通常用纯铜制成。铜的表面容易氧化而生成氧化铜,使之接触不良。而银的接触电阻小,且银的

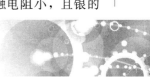

第**5**章 常用低压电器

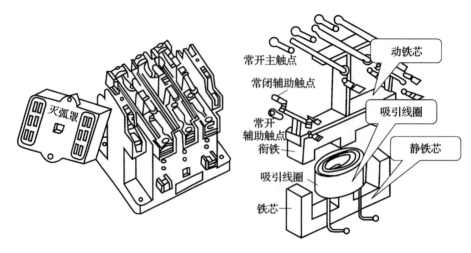

图 5—26　电磁系统

黑色氧化层对接触电阻影响不大，故在触点的上半部分镶嵌银块。触点系统可分为主触点和辅助触点两种：主触点用于通断电流较大的主电路，体积较大，一般由三对动合触点组成；辅助触点用于通断小电流的控制线路，体积较小，它有动合和动断两种触点。动合、动断是指电磁系统未通电动作前触点的状态。动合和动断触点是一起动作的，当线圈通电时，动断触点先断开，动合触点随即闭合，如图 5—27 所示。

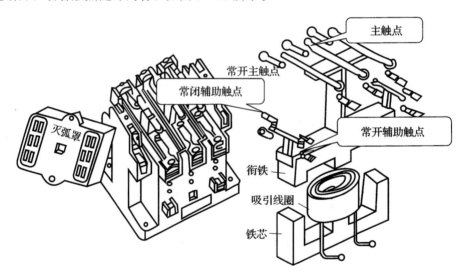

图 5—27　触点系统

3. 灭弧装置

交流接触器在断开大电流电路或高电压电路时，在动、静触点之间会产生很大的电弧。电弧是触点间气体在强电场作用下产生的放电现象，会发光发热，灼伤触点并使电路切断时间延长，甚至会引起其他事故，因此，为使电弧能迅速熄灭，应设灭弧装置，如图 5—28 所示。灭弧装置内有灭弧栅片，灭弧栅片的结构如图 5—29 所示。

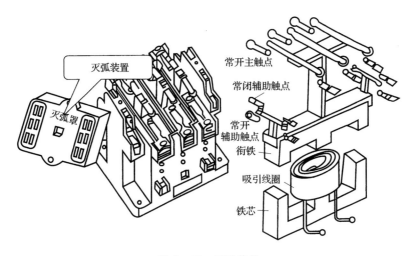

图 5—28　灭弧装置

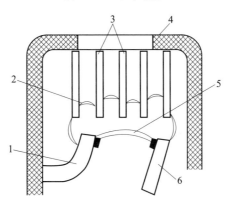

图 5—29　灭弧栅片的结构

1—静触点　2—短电弧　3—灭弧栅片　4—灭弧罩　5—电弧　6—动触点

三、交流接触器的工作原理

交流接触器的电磁系统未通电时，主触点、动合触点和动断触点的状态如图 5—30 所示。

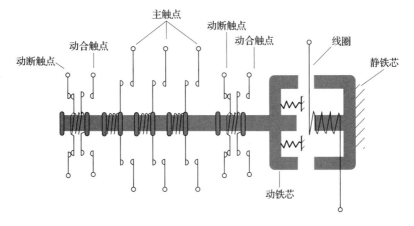

图 5—30　交流接触器的电磁系统未通电状态

当线圈通电时，动、静铁芯吸合，主触点、动合触点和动断触点的状态如图5—31所示，主触点、动合触点和动断触点是一起动作的，动断触点先断开，动合触点随即闭合。

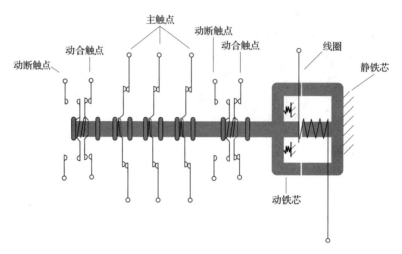

图5—31　交流接触器的电磁系统通电状态

当线圈断电时，动合触点先恢复到断开状态，随即主触点、动断触点恢复原来的闭合状态。

四、常用交流接触器

常用交流接触器的外形如图5—32所示。

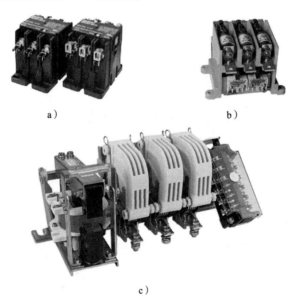

图5—32　常用交流接触器外形

a）NCK2系列交流接触器　b）真空接触器CKJ—160/380—1　c）交流接触器CJ12系列—3

常用交流接触器的图形符号和文字符号如图5—33所示。

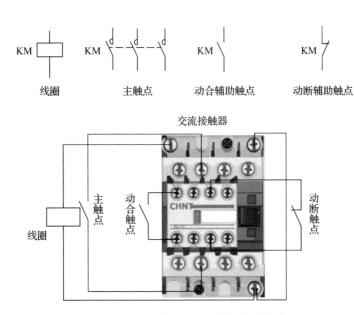

图 5—33　交流接触器的图形符号和文字符号

五、判断交流接触器的好坏

1. 用万用表电阻挡判断交流接触器线圈

（1）使用万用表"×100"挡，如图 5—34 所示。

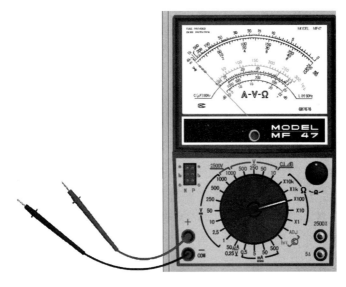

图 5—34　电阻挡的选择

（2）对万用表进行欧姆调零，如图 5—35 所示。

（3）用万用表的一只表笔接触交流接触器线圈的 A1 触点，另外一只表笔接触交流接触器线圈的 A2 触点。

若测定 A1、A2 两个触点间的电压线圈的直流电阻值如图 5—36a 所示，线圈的直流电阻值读数为 $4.6 \times 100 = 460 \ \Omega$，说明交流接触器线圈完好。

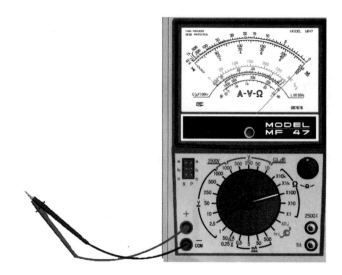

图 5—35　欧姆调零

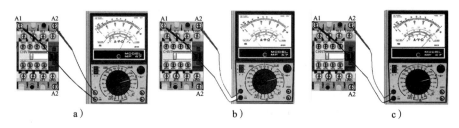

a)　　　　　　　　　　　b)　　　　　　　　　　　c)

图 5—36　交流接触器线圈直流电阻的测量

若测出线圈的直流电阻值如图 5—36b 所示，线圈的直流电阻值读数为"∞"，说明交流接触器线圈断路、接触不良、连接导线断线或脱落，需要进一步检查。

若测出线圈的直流电阻值如图 5—36c 所示，线圈的直流电阻值读数为"0"，说明交流接触器线圈短路或被短接，需要进一步检查。

2. 用万用表电阻挡判断交流接触器主触点

用万用表的一只表笔接触交流接触器主触点的 1L1 触点，另外一只表笔接触交流接触器主触点的 2T1 触点。测定 1L1、2T1 两个触点的直流电阻值，如图 5—37a 所示。主触点的直流电阻值读数为"∞"，用旋具按下交流接触器触点，此时交流接触器 1L1、2T1 两个触点的直流电阻值读数为"0"，如图 5—37b 所示，说明交流接触器这对主触点完好。同理，用此办法测定 3L2、4T2 和 5L3、6T3 两对触点。

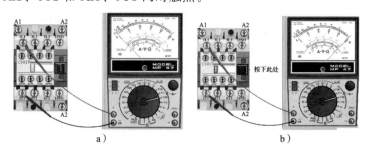

a)　　　　　　　　　　　b)

图 5—37　交流接触器主触点直流电阻的测量

3. 用万用表电阻挡判断交流接触器动合触点

用万用表的一只表笔接触交流接触器辅助触点 53NO 触点，另外一只表笔接触交流接触器主触点 54NO 触点。测定 53NO、54NO 两个触点的直流电阻值，如图 5—38a 所示。主触点的直流电阻值读数为"∞"，用旋具按下交流接触器触点，此时交流接触器 53NO、54NO 两个触点直流电阻值读数为"0"，如图 5—38b 所示，说明交流接触器这对触点完好，且该对触点为动合辅助触点。同理，用此办法测定 83NO、84NO 触点。

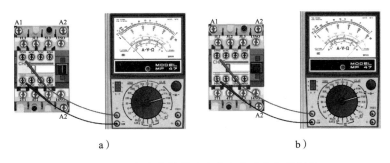

图 5—38 交流接触器动合触点直流电阻的测量

4. 用万用表电阻挡判断交流接触器动断触点

用万用表的一只表笔接触交流接触器辅助触点 63 NC 触点，另外一只表笔接触交流接触器主触点 64 NC 触点。测定 63 NC、64 NC 两个触点的直流电阻值，如图 5—39a 所示。主触点的直流电阻值读数为"0"，用旋具按下交流接触器触点，此时交流接触器63 NC、64 NC 两个触点的直流电阻值读数为"∞"，如图 5—39b 所示，说明交流接触器中这对触点完好，且该对触点为动断辅助触点。同理，用此办法测定 73 NC、74 NC 触点。

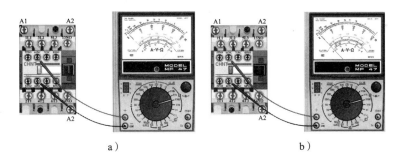

图 5—39 交流接触器动断触点直流电阻的测量

第 4 节

低压熔断器

一、低压熔断器的作用

低压熔断器是一种起保护作用的电器，它串联在被保护的电路中，当线路或电气设备的电流超过规定值足够长的时间后，其自身产生的热量能够熔断一个或几个特殊设计的部件，断开其所接入的电路，切断电源，从而起到保护作用。

二、常用低压熔断器的结构

低压熔断器的产品系列、种类很多，常用产品系列有 RC 系列瓷插式熔断器，RL 系列螺旋式熔断器，R 系列玻璃管式熔断器，RT 系列有填料密封管式熔断器，NT（RT）系列高分断能力熔断器，RLS、RST、RS 系列半导体器件保护用快速熔断器，HG 系列熔断器式隔离器和特殊熔断器（如断相自动显示熔断器、自复式熔断器）等。

1. 螺旋式熔断器

螺旋式熔断器广泛应用于工矿企业低压配电设备、机械设备的电气控制系统中作短路和过电流保护。常用产品系列有 RL5、RL6 系列螺旋式熔断器，如图 5—40 所示。螺旋式熔断器由瓷帽、熔管、瓷套、上接线端、下接线端和底座组成。熔体是一个瓷管，内装有石英砂和熔丝，熔丝的两端焊在熔体两端的导电金属端盖上，其上端盖中有一个染有漆色的熔断指示器，当熔体熔断时，熔断指示器弹出脱落，透过瓷帽上的玻璃孔可以看见。

2. 有填料高分断能力熔断器

有填料高分断能力熔断器广泛应用于各种低压电气线路和设备中作短路和过电流保护。

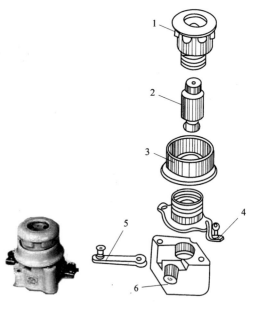

图 5—40　螺旋式熔断器
1—瓷帽　2—熔管　3—瓷套
4—上接线端　5—下接线端　6—底座

一般为封闭管式，由瓷底座、弹簧片、管体、绝缘手柄、熔体等组成，并有撞击器等附件，其结构如图 5—41 所示。

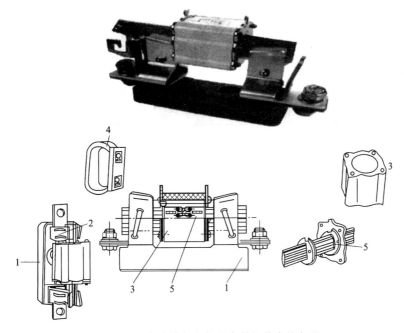

图 5—41　有填料高分断能力封闭管式熔断器

1—瓷底座　2—弹簧片　3—管体　4—绝缘手柄　5—熔体

RT14、RT18、RT19、HG30 系列圆筒帽形熔断器（见图 5—42）适用于交流 50 Hz，额定电压至交流 380 V（500 V），额定电流至 125 A 的配电线路中，作输送配电设备、电缆、导线过载和短路保护。RT19 系列中的 AM 系列可作为电动机启动保护。

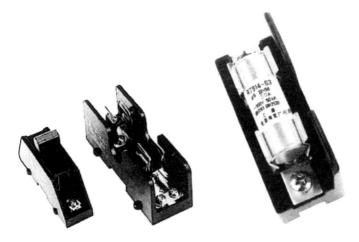

图 5—42　圆筒帽形熔断器外形结构

3. 半导体器件保护熔断器

半导体器件保护熔断器是一种快速熔断器。常用的快速熔断器有 RS、NGT、CS 系列等。RS0 系列（见图 5—43a）快速熔断器用于大容量硅整流元件的过电流和短路保护，而

RS3 系列快速熔断器用于晶闸管的过电流和短路保护，RS77（见图 5—43b）是引进国外技术生产，常用于装置中作半导体器件保护。此外，还有 RLS1 和 RLS2 系列的螺旋式快速熔断器，其熔体为银丝，它们适用于小容量的硅整流元件和晶闸管的短路或过电流保护。NGT 系列（见图 5—43c）熔断器的结构也是有填料封闭管式，在管体两端装有连接板，用螺栓与母线排相接。该系列熔断器功率损耗小，特性稳定，分断能力高（可达 100 kA），可带熔断指示器或微动开关。

a)　　　　　　　　　　　　　b)　　　　　　　　　　　c)

图 5—43　半导体器件保护熔断器
a）结构示意图　b）RS 系列　c）NGT 系列
1—熔管　2—石英砂填料　3—熔体　4—接线端子

4. 自恢复熔断器

自恢复熔断器是一种过流电子保护元件。自恢复熔断器是采用高分子有机聚合物在高压、高温、硫化反应的条件下，掺加导电粒子材料后，经过特殊的工艺加工而成的。它常用于镇流器、变压器、喇叭、电池的保护。自恢复熔断器在断开状态（呈高阻态）时相当于一个软开关，在故障消除时，会自动恢复到低阻通路的状态。自恢复熔断器外形如图 5—44 所示。

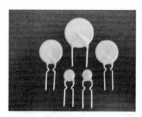

图 5—44　自恢复熔断器的外形

三、低压熔断器的图形符号及文字符号

低压熔断器的图形符号和文字符号如图 5—45 所示。

四、熔断器使用维护注意事项

（1）熔断器的插座和插片的接触应保持良好。

（2）熔体烧断后，应首先查明原因，排除故障。更换熔体时，应使新熔体的规格与换下来的一致。

（3）更换熔体或熔管时，必须将电源断开，以防触电。

（4）安装螺旋式熔断器时，电源线应接在瓷底座的下接线座上，负载线应接在瓷底座的上接线座上，如图5—46所示。这样可保证更换熔管时，螺纹壳体不带电，保证操作者人身安全。

上接线座

下接线座

FU

图5—45　低压熔断器的
图形符号和文字符号

图5—46　螺旋式熔断器的安装

第5节

控 制 按 钮

一、控制按钮的作用

控制按钮又称按钮开关，是一种短时间接通或断开小电流电路的手动控制器，一般用于电路中发出启动或停止指令，以控制电磁启动器、接触器、继电器等电器线圈电流的接通或断开，再由它们去控制主电路。控制按钮也可用于信号装置的控制。

二、控制按钮的结构

控制按钮的外形及结构如图5—47所示，由按钮帽、复位弹簧、触点、接线柱、外壳等组成。

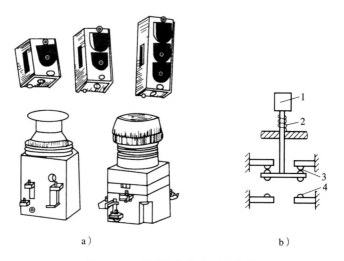

a)   b)

图5—47　控制按钮的外形及结构

a）外形　b）结构

1—按钮帽　2—复位弹簧　3—动断触点的静触点　4—动合触点的静触点

三、常用控制按钮的图形符号及文字符号

常用控制按钮的图形符号和文字符号如图5—48所示。

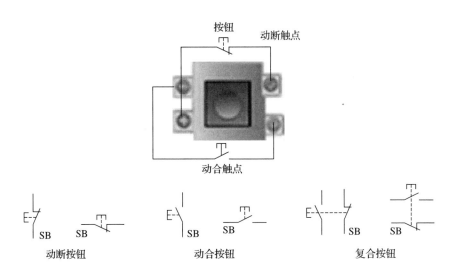

图5—48　常用控制按钮的图形符号和文字符号

四、控制按钮的工作原理

控制按钮的工作原理：当用手按下按钮帽时，动断触点断开之后，动合触点再接通，如图5—49所示；而当手松开后，复位弹簧便将控制按钮的触点恢复原位，此时动合触点先断开，动断触点再闭合，如图5—50所示。

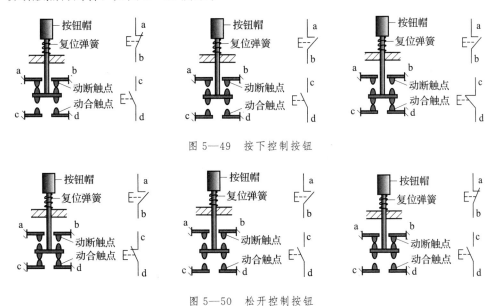

图5—49　按下控制按钮

图5—50　松开控制按钮

五、常用控制按钮

为了标明各个按钮的作用，避免误操作，通常将按钮帽做成不同的颜色，以示区别，其颜色有红、绿、黑、黄、蓝、白等。例如，红色表示停止按钮，绿色表示启动按钮。常用控制按钮如图5—51所示。另外还有形象化符号可供选用，如图5—52所示。

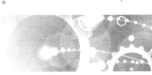

图 5—51 常用控制按钮

| 启动，闭合 | 停止，断开 | 点动，仅在按下时动作 | 启动停止共用 | 直线运动 | 自动循环；自动 |

| 泵 | 冷却泵 | 液压泵 | 润滑泵 | 转动 | 半自动循环；自动 |

图 5—52 常用控制按钮形象化符号

六、判断控制按钮的好坏

（1）使用万用表欧姆"×1"或"×10"挡，如图 5—53 所示。

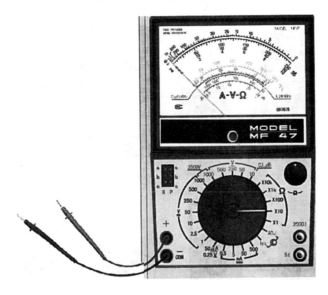

图 5—53 电阻挡的选择

（2）对万用表进行欧姆调零，如图 5—54 所示。

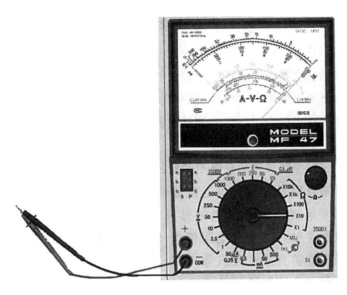

图5—54 欧姆调零

（3）控制按钮动断触点的检测。用万用表的一只表笔接触控制按钮的一个触点，另外一只表笔接触控制按钮的另一触点，如图5—55a所示。测定两个触点的直流电阻值为"0"，用手按下控制按钮，两个触点的直流电阻值为"∞"，如图5—55b所示，说明该对触点是控制按钮的动断触点，且该控制按钮的动断触点完好。若两次测量的直流电阻值均为"∞"，说明测试的两个触点不是一对触点，需要换其中一个触点再次测试或者该控制按钮的动断触点接触不良，需要修复。

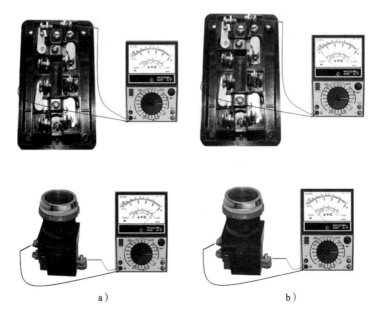

a) b)

图5—55 控制按钮动断触点的检测

（4）控制按钮动合触点的检测。用万用表的一只表笔接触控制按钮的一个触点，另外一只表笔接触控制按钮的另一触点，如图5—56a所示。测定两个触点的直流电阻值为"∞"，用手按下控制按钮，两个触点的直流电阻值为"0"，如图 5—56b 所示，说明该对触点是控制按钮的动合触点，且该控制按钮的动合触点完好。

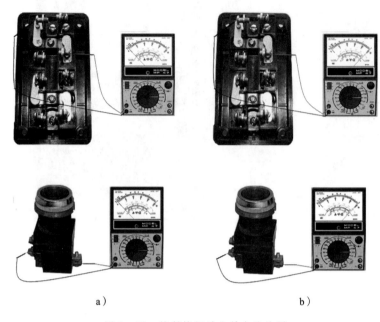

a)   b)

图 5—56 控制按钮动合触点的检测

第 6 节

行 程 开 关

一、行程开关的作用

生产机械中，常需要控制某些运动部件的行程，或运动一定行程使其停止，或在一定行程内自动返回或自动循环。这种控制机械行程的方式称为"行程控制"或"限位控制"。

行程开关（见图5—57）又称限位开关，是实现行程控制的小电流（5 A 以下）主令电器，其作用与控制按钮相同，只是其触点的动作不是靠手按动，而是利用机械运动部件的碰撞使触点动作，即将机械信号转换为电信号，通过控制其他电器来控制运动部件的行程大小、运动方向或进行限位保护。

图 5—57　行程开关

第**5**章　常用低压电器

二、行程开关的结构

常用行程开关的外形如图 5—58 所示，JLXK 系列行程开关的结构和工作原理如图 5—59 所示，由滚轮、杠杆、转轴、凸轮、撞块、调节螺钉、微动开关、复位弹簧等部件组成。

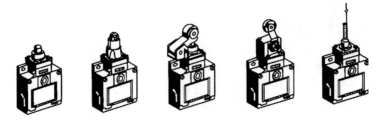

图 5—58　行程开关外形

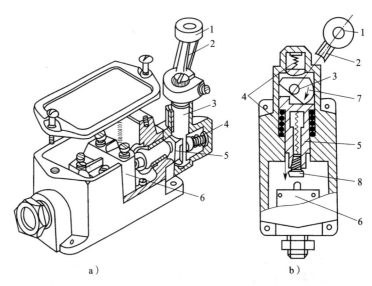

a）　　　　　　　　　　　　　b）

图 5—59　JLXK 系列行程开关结构和工作原理

a）结构　b）工作原理

1—滚轮　2—杠杆　3—转轴　4—复位弹簧　5—撞块　6—微动开关　7—凸轮　8—调节螺钉

行程开关的结构形式多种多样，但其基本结构可以分为三个主要部分：摆杆（操作机构）、触点系统和外壳。其中摆杆形式主要有直动式、杠杆式和万向式三种，每种摆杆形式又分为多种不同形式，如直动式又分为金属直动式、钢滚直动式、热塑滚轮直动式等，滚轮又有单轮、双轮等形式。触点类型有一常开一常闭、一常开二常闭、二常开一常闭、二常开二常闭等形式。动作方式可分为瞬动、蠕动、交叉从动式三种。

三、常用行程开关

目前国内生产的行程开关有 LXK3、3SE3、LX19、LXW、WL、LX、JLXK 等系列。常用行程开关如图 5—60 所示。

四、行程开关的图形符号及文字符号

行程开关的图形符号和文字符号如图 5—61 所示。

图 5—60　常用行程开关

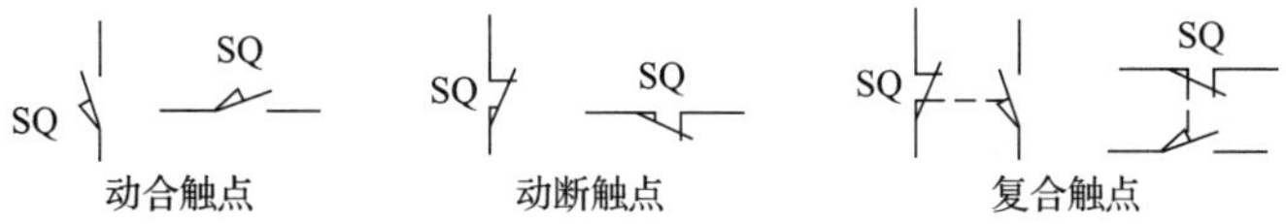

SQ⊥　SQ／　　SQ⊥　SQ⤵　　SQ⊥⧸　SQ⤵

动合触点　　　　　动断触点　　　　　复合触点

图 5—61　常用行程开关的图形符号和文字符号

五、行程开关的工作原理

行程开关的工作原理如图 5—62 所示。

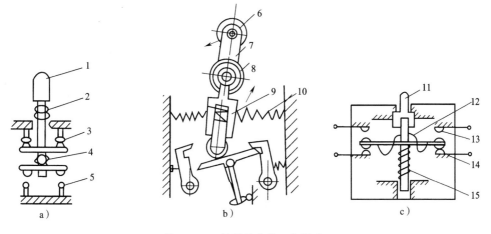

图 5—62　行程开关的工作原理

a) 直动式行程开关　b) 滚轮式行程开关　c) 微动开关式行程开关

1、11—推杆　2、4、8、10、12、15—弹簧　3、14—动断触点　5、13—动合触点　6—滚轮　7—上转臂　9—套架

第 7 节

中间继电器

一、中间继电器的结构

中间继电器也采用电磁结构，主要由电磁系统和触点系统组成。从本质上来看，中间继电器也是电压继电器，仅触点数量较多，触点容量较大而已。中间继电器种类很多，而且除专门的中间继电器外，额定电流较小的接触器（5 A）也常被用作中间继电器。

如图 5—63 所示为 JZ7 系列中间继电器的结构图，其结构和工作原理与小型直动式接触器基本相同，只是它的触点系统中没有主、辅之分，各对触点所允许通过的电流大小是相等的。由于控制中间继电器触点接通和分断的是交、直流控制电路，电流很小，所以一般中间继电器不需要灭弧装置。

二、常用中间继电器

常用的中间继电器主要有 JZ15、JZ17、JZ18 等系列产品，如图 5—64 所示。其中，JZ15 系列中间继电器的电磁系统为直动式螺管铁芯，交直流两用，交流的铁芯极面开了槽，并嵌有分磁环（短路环），而直流的磁极端部为圆锥形的，其触点在电磁系统两侧。

常用的中间继电器均可以采用卡轨安装，安装和拆卸方便；触点闭合过程中，动、静触点间有一段滑擦、滚压过程，可以有效地清除触点表面的各种生成膜及尘埃，减小接触电阻，提高接触的可靠性（如 JZ18 等系列）；输出触点的组合形式多样，有的还可加装辅助触点组（如 JZ18 等系列）；插座形式多样，方便用户选择；有的还装有防尘罩或采用密封结构，提高了可靠性。

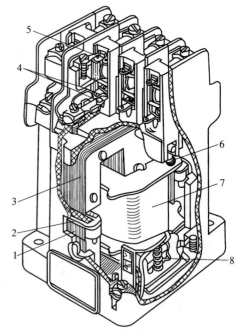

图 5—63　JZ7 系列中间继电器的结构

1—静铁芯　2—短路环　3—动铁芯　4—动合触点　5—动断触点　6—复位弹簧　7—线圈　8—反作用弹簧

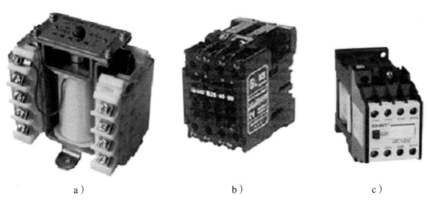

图 5—64 中间继电器

a）JZ15 中间继电器 b）JZ17 中间继电器 c）JZ18 中间继电器

三、中间继电器的图形符号及文字符号

常用中间继电器的图形符号和文字符号如图 5—65 所示。

KA 线圈   动合触点   动断触点

图 5—65 常用中间继电器的图形符号和文字符号

四、中间继电器的作用

中间继电器一般用来控制各种电磁线圈，使信号得到保持、放大、记忆或保持等，进行电路的逻辑控制或者将信号同时传递给几个控制元件。它根据输入量（如电压或电流）利用电磁原理，通过电磁机构使衔铁产生吸合动作，从而带动触点动作，实现触点状态的改变，使电路完成接通或分断控制，如图 5—66 所示。

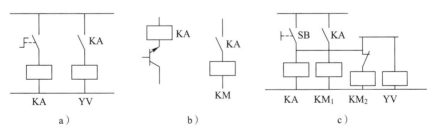

图 5—66 中间继电器的作用

a）保持 b）放大 c）记忆或保持

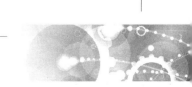

第 8 节

热 继 电 器

一、热继电器的作用

热继电器是热过载继电器的简称，它是利用电流的热效应来切断电路的保护电器，常与接触器配合使用。热继电器具有结构简单、体积小、价格低、保护性能好等优点，主要用于电动机的过载保护、断相和电流不平衡运行的保护及其他电气设备发热状态的控制。

二、热继电器的结构

热继电器的结构如图5—67所示。

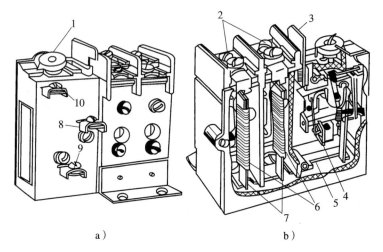

a）　　　　　　　　　　　　　　　b）

图5—67　热继电器的结构

a）外形　b）结构

1—电流整定装置　2—主电路接线柱　3—复位按钮　4—动合触点　5—动作机构

6—热元件　7—双金属片　8—动合触点接线柱　9—公共动触点接线柱　10—动断触点接线柱

三、常用热继电器

常用热继电器如图5—68所示。

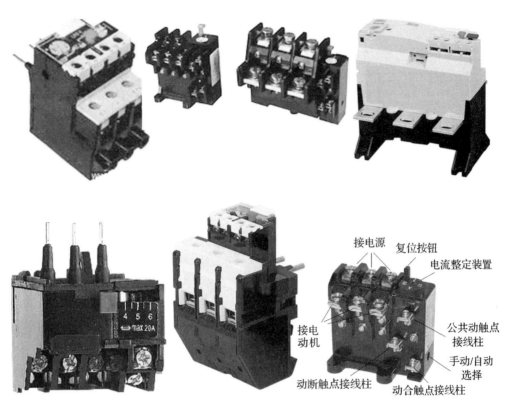

图 5—68 常用热继电器

四、热继电器的图形符号及文字符号

热继电器的图形符号和文字符号如图 5—69 所示。

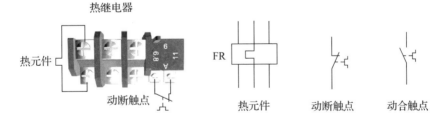

图 5—69 热继电器的图形符号和文字符号

五、热继电器的工作原理

热继电器工作时有电流通过热元件，如图 5—70a 所示。热继电器双金属片金属紧密地贴合在一起，由于两种双金属片线胀系数不同，当产生热效应时，双金属片便向线胀系数小的一侧弯曲，由弯曲产生的位移带动触点动作。

热元件串接于电动机的定子电路中，通过热元件的电流就是电动机的工作电流（大容量的热继电器装有速饱和互感器，热元件串接在其二次回路中）。当电动机正常运行时，其

第**⑤**章 常用低压电器

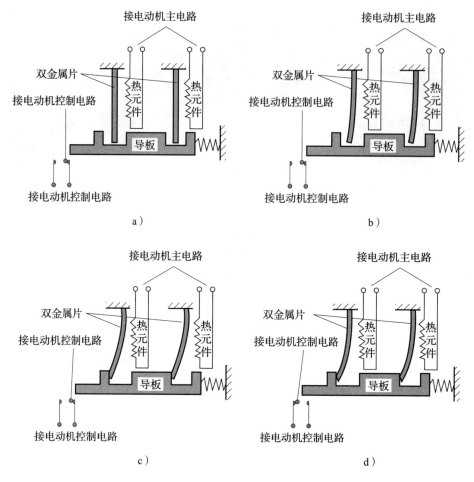

图 5—70　热继电器的工作原理图

工作电流通过热元件产生的热量不足以使双金属片因受热而产生变形，热继电器不会动作，如图 5—70b 所示。当电动机发生过电流且超过整定值时，双金属片获得了超过整定值的热量而发生弯曲，使其自由端上翘，经过一定时间后，双金属片的自由端推动导板移动，导板将动断触点顶开，如图 5—70c 所示。若双金属片受热弯曲位移较大，就能将动合触点顶闭合，如图 5—70d 所示。动断触点通常串接在电动机控制电路中的相应接触器线圈回路中，断开接触器的线圈电源，从而切断电动机的工作电源。同时，热元件也因失电而逐渐降温，热量减少，经过一段时间的冷却，双金属片恢复到原来状态。若经自动或手动复位，双金属片的自由端返回到原来状态，为下次动作做好准备。

六、判断热继电器的好坏

（1）使用万用表欧姆"×1"或"×10"挡，如图 5—71 所示。

（2）对万用表进行欧姆调零，如图 5—72 所示。

（3）用万用表电阻挡检测热继电器的热元件。用万用表的一只表笔接触热继电器热元件的一个触点 1L1，另外一只表笔接触热继电器热元件的另一触点 2T1，如图 5—73a 所示。测定两个触点的直流电阻值为"0"，说明热继电器热元件的该对触点完好。若两个触点的

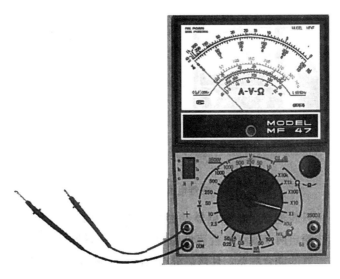

图 5—71 电阻挡的选择

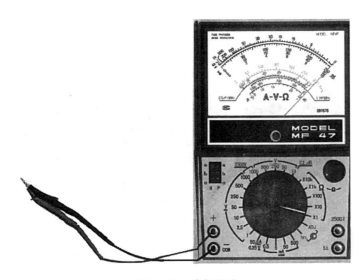

图 5—72 欧姆调零

直流电阻值为"∞"，如图 5—73b 所示，说明热继电器热元件的该对触点不能使用，可能该热元件已烧毁，需要修复。同理可以判断热继电器热元件的另外两组触点 4L2、4T2 和 6L3、6T3。

（4）热继电器动合触点的检测。用万用表的一只表笔接触热继电器动合触点的一个触点，另外一只表笔接触热继电器动合触点的另一触点，如图 5—74 所示。测定两个触点的直流电阻值为"∞"，说明该对触点是热继电器的动合触点，且该热继电器的动合触点完好。

（5）热继电器动断触点的检测。用万用表的一只表笔接触热继电器动断触点的一个触点，另外一只表笔接触热继电器动断触点的另一触点，如图 5—75 所示。测定两个触点的直流电阻值为"0"，说明该对触点是热继电器的动断触点，且该热继电器的动断触点完好。

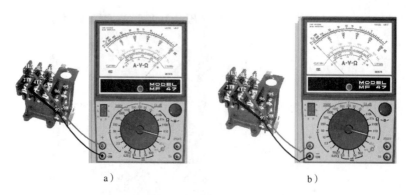

a）　　　　　　　　　　　　b）

图 5—73　热继电器热元件的检测

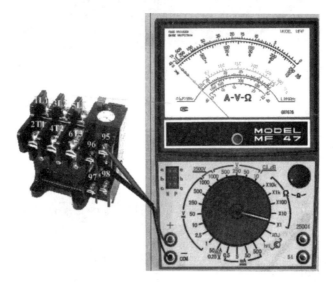

图 5—74　热继电器动合触点的检测

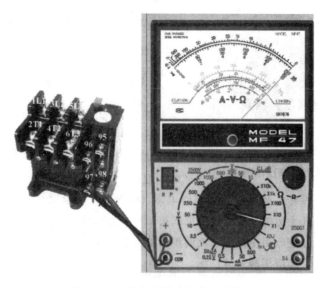

图 5—75　热继电器动断触点的检测

第9节

时间继电器

一、时间继电器的作用

时间继电器是一种自得到动作信号起至触点动作或输出电路产生跳跃式改变有一定延时，该延时又符合其准确度要求的继电器，即从得到输入信号（线圈的通电或断电）开始，经过一定的延时后才输出信号（触点的闭合或断开）的继电器。时间继电器广泛应用于电动机的启动控制和各种自动控制系统。

二、时间继电器的分类

1. 按动作原理分类

（1）空气阻尼式时间继电器。又称气囊式时间继电器，其结构简单、价格低廉，延时范围较大（0.4～180 s），有通电延时和断电延时两种，但延时准确度较低，如图5—76所示。

（2）晶体管式时间继电器。又称电子式时间继电器，其体积小、精度高、可靠性好。晶体管式时间继电器（见图5—77）的延时可达几分钟到几十分钟，比空气阻尼式长，比同步电动机式短；延时精确度比空气阻尼式高，比同步电动机式略低。随着电子技术的发展，其应用越来越广泛。

图5—76 JS7系列空气
阻尼式时间继电器

（3）同步电动机式时间继电器（见图5—78）。又称电动机式或电动式时间继电器，延时精确度高，延时范围大（有的可达几十小时），但价格较昂贵。

2. 按延时方式分类

（1）通电延时型。时间继电器接受输入信号后延迟一定的时间，输出信号才发生变化；当输入信号消失后，输出瞬时复原，如图5—79a所示。

（2）断电延时型。时间继电器接受输入信号时，瞬时产生相应的输出信号；当输入信号消失后，延迟一定时间，输出才复原，如图5—79b所示。

第❺章 常用低压电器

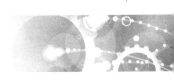

图 5—77　JS20 系列晶体管式时间继电器　　　　图 5—78　JS11 系列同步电动机式时间继电器

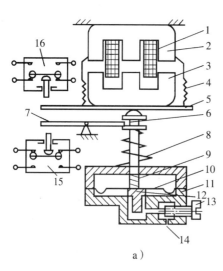

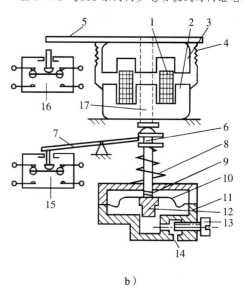

a)　　　　　　　　　　　　　　　　　　b)

图 5—79　时间继电器按延时方式分类

a)通电延时型　b)断电延时型

1—线圈　2—静铁芯　3—动铁芯　4—反力弹簧　5—推板　6—活塞杆　7—杠杆　8—塔形弹簧　9—弱弹簧
10—橡胶膜　11—空气室壁　12—活塞　13—调节螺钉　14—进气孔　15、16—微动开关　17—推杆

三、时间继电器的图形符号及文字符号

常用时间继电器的图形符号和文字符号如图 5—80 所示。

四、空气阻尼式时间继电器的结构

空气阻尼式时间继电器主要由电磁系统、延时机构和触点系统三部分组成。它是利用空气的阻尼作用进行延时的，如图 5—81 所示为 JS7－A 系列空气阻尼式时间继电器的结构，其电磁系统为直动式双 E 型，触点系统是借用微动开关，延时机构采用气囊式阻尼器。

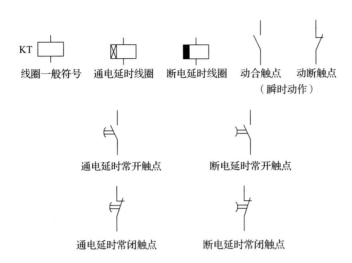

图 5—80　常用时间继电器的图形符号和文字符号

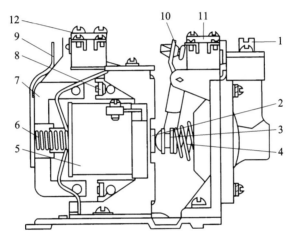

图 5—81　JS7—A 系列空气阻尼式时间继电器结构

1—调节螺钉　2—推板　3—推杆　4—塔形弹簧　5—线圈　6—反力弹簧　7—衔铁
8—铁芯　9—弹簧片　10—杠杆　11—延时触点　12—瞬时触点

五、JS7－A 系列空气阻尼式通电延时型时间继电器的工作原理

JS7－A 系列空气阻尼式通电延时型时间继电器的工作原理如图 5—82a 所示。当线圈得电后，动铁芯克服反力弹簧的阻力与静铁芯吸合，如图 5—82b 所示；活塞杆在塔形弹簧的作用下向上移动，使与活塞相连的橡胶膜也向上移动，由于受到进气孔进气速度的限制，这时橡胶膜下面形成空气稀薄的空间，与橡胶膜上面的空气形成压力差，对活塞的移动产生阻尼作用，如图 5—82c 所示；空气由进气孔进入气囊（空气室），经过一段时间，活塞才能完成全部行程而通过杠杆压动微动开关，使其触点动作，起到通电延时作用，如图 5—82d 所示。

从线圈得电到微动开关动作的一段时间即为时间继电器的延时时间，延时时间的长短可以通过调节螺钉 13 调节进气孔气隙大小来改变，进气越快，延时越短。

当线圈断电时，动铁芯在反力弹簧4的作用下，通过活塞杆将活塞推向下端，这时橡胶膜下方气室内的空气通过橡胶膜、弱弹簧和活塞的局部所形成的单向阀迅速从橡胶膜上方气室缝隙中排掉，使活塞杆、杠杆、微动开关等迅速复位，从而使得微动开关的动断触点瞬时闭合，动合触点瞬时断开，如图5—82a所示。在线圈通电和断电时，微动开关在推板的作用下都能瞬时动作，其触点即为时间继电器的瞬动触点。

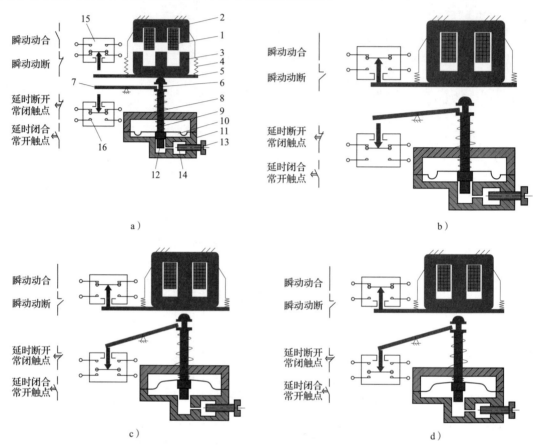

图5—82 JS7—A系列空气阻尼式通电延时型时间继电器的工作原理

1—线圈　2—静铁芯　3—动铁芯　4—反力弹簧　5—推板　6—活塞杆　7—杠杆　8—塔形弹簧
9—弱弹簧　10—橡胶膜　11—空气室壁　12—活塞　13—调节螺钉　14—进气孔　15、16—微动开关

六、JS7—A系列空气阻尼式断电延时型时间继电器的工作原理

如图5—83所示为JS7—A系列空气阻尼式断电延时型时间继电器的工作原理。断电延时型继电器可将通电延时型的电磁铁翻转180°安装而成。当线圈通电时，动铁芯被吸合，带动推板压合微动开关，使其动断触点瞬时断开，动合触点瞬时闭合；与此同时，动铁芯压动推杆，使活塞杆克服塔形弹簧的阻力向下移动，通过杠杆使微动开关也瞬时动作，其动断触点断开，动合触点闭合，没有延时作用，如图5—83b所示。

当线圈断电时，衔铁在反力弹簧的作用下瞬时释放，通过推板使微动开关的触点瞬时复位，如图5—83c所示。与此同时，活塞杆在塔形弹簧及气室各部分元件作用下延时复位，使微动开关各触点延时动作，如图5—83d所示。

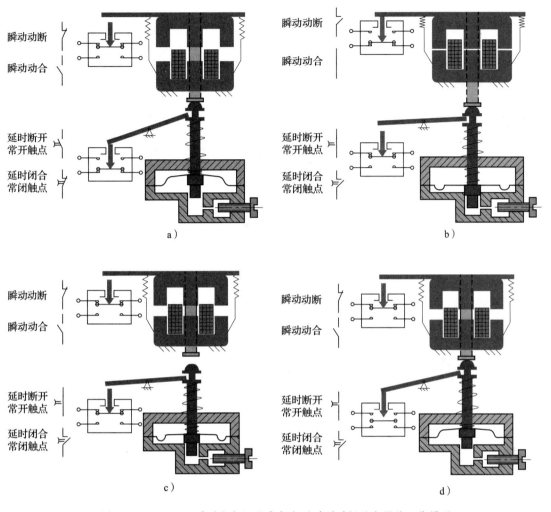

a）

b）

c）

d）

图 5—83　JS7－A 系列空气阻尼式断电延时型时间继电器的工作原理

第 10 节

速度继电器

一、速度继电器的作用

速度继电器是当转速达到规定值时动作的继电器。它常用于电动机反接制动的控制电路中，当反接制动的转速下降到接近零时，它能自动并及时地切断电源。

二、JFZ0 系列速度继电器的结构

如图 5—84 所示 JFZ0 系列速度继电器的结构，主要由转子、定子和触点三部分组成。转子是一个圆柱形永久磁铁。定子是一个笼型空心圆环，由硅钢片叠压而成，并装有笼型绕组。

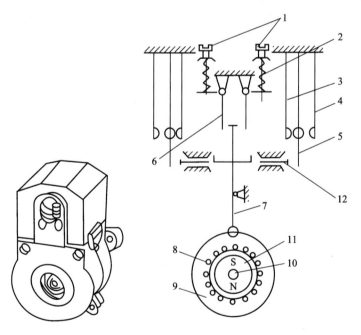

图 5—84 JFZ0 系列速度继电器的结构

1—螺钉 2—反力弹簧 3—动断触点 4—动合触点 5—静触点 6—返回杠杆

7—杠杆 8—定子导体 9—定子 10—转轴 11—转子 12—推杆

三、速度继电器的图形符号及文字符号

速度继电器的图形符号及文字符号如图 5—85 所示。

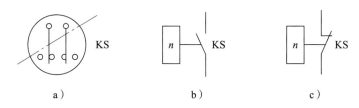

a)   b)   c)

图 5—85　速度继电器的图形符号及文字符号
a）转子　b）动合触点　c）动断触点

四、JY1 型速度继电器的结构

JY1 型速度继电器的结构如图 5—86 所示。

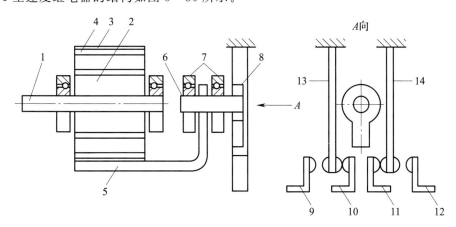

图 5—86　JY1 型速度继电器结构
1、6—轴　2—永久磁铁　3—笼型定子　4—短路绕组　5—支架　7—轴承　8—顶块
9—13、12—14—动合触点　10—13、11—14—动断触点　13、14—动触点弹簧片

五、JY1 型速度继电器的工作原理

JY1 型速度继电器的转子是一块永久磁铁，它和被控制的电动机轴连接在一起，定子固定在支架上。定子由硅钢片叠压而成，并装有笼型的短路绕组，如图 5—87a 所示。当电动机轴正向转动时，永久磁块（转子）也一起转动，这样相当于一个旋转磁场，在绕组里感应出电流来，使定子也和转子一起转动，如图 5—87b 所示；转速逐渐加快，如图 5—87c 所示；当转速大于 120 r/min 时，如图 5—87d 所示；胶木摆杆也跟着转动，动断触点断开，如图 5—87e 所示；最终使动合触点闭合，如图 5—87f 所示。静触点又作为挡块来使用，它限制了胶木摆杆继续转动。总之，永久磁铁转动时，定子只能转过一个不大的角度，当轴上转速接近于零（小于 100 r/min）时，胶木摆杆回复原来状态，触点又分断，如图 5—87a 所示。

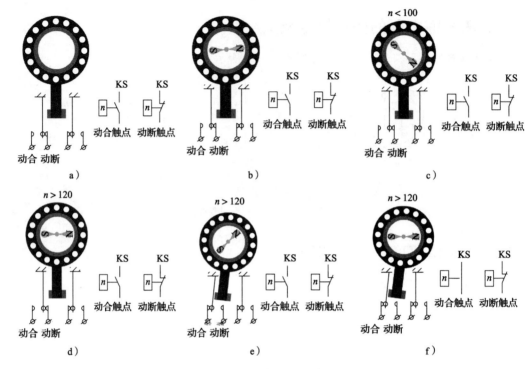

图 5—87　JY1 型速度继电器的工作原理图

　　JY1 型速度继电器的转速在 3 000 r/min 以下时能可靠工作，当转速小于 100 r/min 时，触点就恢复原状。这种速度继电器在机床中用得较广泛。速度继电器的动作转速一般不低于 300 r/min，复位转速在 100 r/min 以下。使用速度继电器时，应将其转子安装在被控制电动机的同一轴上，而将其动合触点串联在控制电路中，通过接触器就能实现反接制动。

　　常用低压电器符号见表 5—1。

表 5—1　　　　　　　　　　　常用低压电器符号

名称	图形符号	文字符号
单极控制开关		SA
手动开关一般符号		SA
三极控制开关		QS

名称	图形符号	文字符号
三极隔离开关		QS
三极负荷开关		QS
组合旋钮开关		QS
低压断路器		QF
控制器或操作开关	后　前 2 1　0　1 2	SA
动合触点		SQ
动断触点		SQ
复合触点		SQ
动合按钮	E-	SB
动断按钮	E-	SB
复合按钮	E-	SB

● 第**5**章　常用低压电器

名称	图形符号	文字符号
急停按钮		SB
钥匙操作式按钮		SB
吸引线圈		KM
动合主触点		KM
热元件		FR
动断触点		FR
通电延时（缓吸）线圈		KT
断电延时（缓吸）线圈		KT
瞬时闭合的动合触点		KT
瞬时断开的动断触点		KT
延时闭合的动合触点	或	KT

续表

名称	图形符号	文字符号
延时断开的动断触点	或	KT
延时闭合的动断触点	或	KT
延时断开的动合触点	或	KT
线圈		KA
过电流线圈	$I>$	KA
欠电流线圈	$I<$	KA
过电压线圈	$U>$	KV
欠电压线圈	$U<$	KV
动合触点		
动断触点		

第**❺**章 常用低压电器

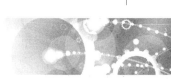

第 **6** 章

电动机与电气基本控制电路

电动机是根据电磁感应原理，将电能转换为机械能的一种动力装置。现代的生产机械大都是由电动机来拖动的。掌握电动机的基本原理、了解电动机的发展趋势、懂得电动机的工作特性、熟悉电动机的使用与维护基本知识，确保电动机安全运行，是电工的重要职责之一。

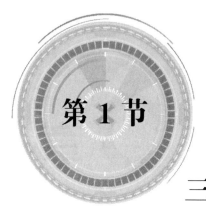

第 1 节

三相异步电动机的基本结构

一、分类

电动机的种类很多，可以有多种不同的分类方法。按电流的性质分，有直流电动机和交流电动机两大类。交流电动机可分为同步电动机和异步电动机，其中异步电动机又称为感应电动机，根据其结构的不同又分为笼型和绕线型；根据其所接电源相数的不同，还可分为单相电动机和三相电动机。

由于异步电动机具有结构简单、运行可靠、维护方便、坚固耐用、价格便宜，并且可以直接接于交流电源等一系列优点，因此在各行各业的应用极为广泛。虽然其功率因数较低、调速性能较差，但大多数生产机械对调速性能要求不高，而功率因数又可采用适当的方法予以补偿。本章主要介绍作为生产动力机械最为常见的三相异步电动机。另外，对在家用电器及小型动力机械中应用十分广泛的单相电动机也进行简单介绍。

二、基本结构

三相异步电动机主要由定子和转子两大部分组成。定子和转子之间有一个很小的空气隙。另外，还有机座、端盖、风扇等部件。

常用的三相异步电动机的外形及其零部件如图6—1所示。

1. 定子部分

定子由定子铁芯、定子绕组和机座三部分组成。

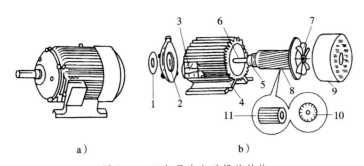

图 6—1 三相异步电动机的结构

a）外形图 b）结构部件图

1—轴承盖 2—端盖 3—接线盒 4—机座 5—轴承 6—转子轴

7—风扇 8—转子 9—风扇罩壳 10—转子铁芯 11—笼型绕组

定子铁芯是电动机磁路的一部分，由 0.35～0.5 mm 厚的硅钢片叠成，片间有绝缘，以减少涡流损耗。定子铁芯的内绝缘开有凹槽，以嵌放定子绕组。较大容量的电动机，其定子铁芯沿轴向分段，段和段间设有径向通风沟，以利于铁芯的散热。

定子绕组是电动机的电路部分，由绝缘的漆包线或丝包线（圆线或扁线）绕制，并嵌放于定子铁芯的凹槽内，以槽楔固定。绕组间以一定规律连接并构成三相绕组。三相的引出线分别用 U_1、U_2、V_1、V_2、W_1、W_2 来标注，下角注 1、2 分别为各相的首、末端。这六根引线引至接线板上，根据使用需要，通过联接片可将三相绕组作"丫"形或"△"形连接，如图 6—2 所示。机座是用来固定并保护定子铁芯和定子绕组、安装端盖、支承转子及其他零部件的固定部分。另外，机座还能起到热量传导和散发热能的作用。它一般由足够强度和刚度的铸铁制造。

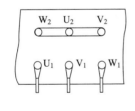
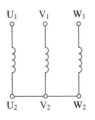

a）

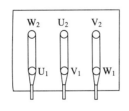
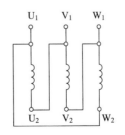

b）

图 6—2 三相绕组引出线接法

a）"丫"形连接 b）"△"形连接

2. 转子部分

三相异步电动机的转子有笼型和绕线型两种形式，它们都是由转子铁芯、转子绕组和转

轴三部分组成的。

转子铁芯也是由硅钢片叠成的，是电动机磁路的一部分。铁芯压装在轴上。较大的电动机，其铁芯压于支架上，支架再装于轴上。转子铁芯的外缘开有转子槽，在槽内嵌放转子绕组。

笼型转子在槽内嵌放裸导体，其两端分别焊接在两个铜环上（即端环），这种转子绕组状似鼠笼，故称为笼型转子。中、小容量异步电动机的转子一般用熔化的铝铸满转子槽，同时铸出端环和风扇叶片。绕线型转子绕组和定子绕组一样，三相绕组嵌放在槽内，接成"丫"形。三条引出线分别接至非轴伸端相互绝缘的三个滑环上，可以通过电刷将转子各相绕组与外接启动或调速电阻相连接，如图6—3所示。中等容量以上的绕线型电动机还装有提刷装置。当电动机启动完毕而又不需调速时，可扳动手柄将电刷提起，并将三个滑环短路，以减少摩擦损耗和电刷的磨损。

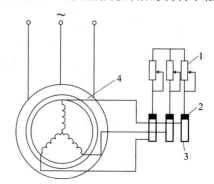

图6—3 三相绕线型异步电动机转子串接电阻
1—外接可变电阻 2—电刷 3—滑环
4—绕组式异步电动机

转轴是由一定强度和刚度的型钢加工而成的，其作用是支承转子铁芯并传递转矩。

3. 端盖及其他附件

在中、小型异步电动机中，有铸铁制成的端盖，内装滚珠或滚柱轴承，用于支承转子，并保证定子与转子间有均匀的气隙。为了减少电机磁路的磁阻，从而减少励磁电流，提高功率因数，应使气隙尽可能地小，但也不能太小。对于中、小型异步电动机来说，其气隙一般为 0.2～2 mm。

为使轴承中的润滑脂不外溢和不受污染，在前后轴承处均设有内外轴承盖。

封闭式电动机后端盖外还装有风扇和外风罩。当风扇随转子旋转时，风从风罩上的进风孔进入，再经散热片吹出，以加强冷却作用。

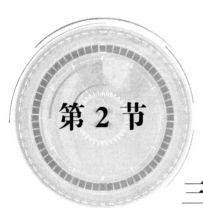

第 2 节

三相异步电动机的工作原理

一、旋转磁场

1. 旋转磁场的形成

三相异步电动机的定子绕组是三相对称的。也就是说，三相绕组的线圈数及匝数均相同，且在空间沿定子铁芯的内圆均匀分布，互差 120°电角度。如图 6—4 所示为一最简单的定子三相绕组，其每相仅有一个线圈，分别以 U_1-U_2、V_1-V_2、W_1-W_2 来表示。

如将三相绕组按"丫"形连接后接至三相电源上，在三相绕组内就会流过三相对称电流，其波形变化如图 6—5 所示。

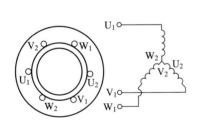

图 6—4　三相定子绕组

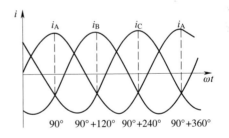

图 6—5　三相电流波形

每相绕组中的电流均将产生磁场，三相绕组会产生一个合成磁场，此合成磁场是一个旋转磁场。

下面将几个特殊的时刻用作图的方法加以证明。

为了分析方便，假定每相绕组电流的正方向是从首端 U_1、V_1、W_1 流入（用⊕表示），由末端 U_2、V_2、W_2 流出（用⊙表示）。当电流的实际方向与假定的正方向相同时，其值为正，否则为负。磁场的方向则根据电流的流向以右手螺旋定则来确定。

当 $\omega t=90°$时，由图 6—5 或三相电流的数学表达式可知，$i_A=I_m$，$i_B=i_C=-I_m/2$，将各相电流方向表示在各相线圈的剖面上，A 相电流为正值，由 U_1 流入，从 U_2 流出，而 B 相、C 相电流为负值，由 V_2、W_2 流入，从 V_1、W_1 流出，如图 6—6a 所示。

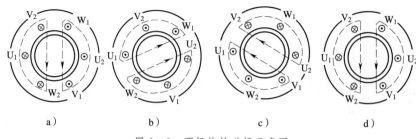

图 6—6　两极旋转磁场示意图

根据右手螺旋定则确定合成磁场的方向为由上向下，和电流达到最大值 I_m 的 A 相绕组的轴线一致。用上述方法作出 $\omega t = 90° + 120°$，$\omega t = 90° + 240°$ 以及 $\omega t = 90° + 360°$ 三个特殊瞬间的电流和合成磁场的方向，分别如图 6—6b、c、d 所示。

通过上述分析，三相绕组电流产生的合成磁场是一个随时间变化在空间旋转的磁场，即所谓旋转磁场。

2. 三相异步电动机的转速

旋转磁场具有以下特点：

（1）旋转磁场的方向与电流达到正的最大值的那一相绕组的轴线总是一致的，所以旋转磁场的旋转方向总是与三相绕组电流的相序一致。显然，如改变三相绕组电流的相序，旋转磁场的方向也随之改变。

（2）电流变化的角度与旋转磁场变化的角度相同。电流变化一周期，旋转磁场转过360°电角度。磁极对数 $p = 1$ 时，电角度等于机械角度，也就是电流变化一周，磁场转过360°机械角度，即转了一转。磁极对数为 p 时，电流变化一周，旋转磁场转过 $360°/p$ 机械角度，即转过 $1/p$ 转。因此，旋转磁场每分钟的转速与定子绕组电流频率及磁极对数 p 之间存在以下关系：

$$n_1 = 60 f_1 / p$$

式中　n_1——旋转磁场每分钟的转速（同步转速）；

　　　f——定子绕组的电流频率；

　　　p——磁极对数。

因为 n_1 与 f_1 保持恒定的关系，故称为同步转速。

由于我国采用工频 $f = 50$ Hz，因此 $p = 1$ 时，$n_1 = 3\,000$ r/min；$p = 2$ 时，$n_1 = 1\,500$ r/min；$p = 3$ 时，$n_1 = 1\,000/$min；$p = 4$ 时，$n_1 = 750$ r/min。

（3）旋转磁场的大小是恒定的。

3. 电动机的旋转方向

三相异步电动机的三相定子绕组 $U_1 - U_2$、$V_1 - V_2$、$W_1 - W_2$ 是按照三相电流的相序分别接到三相电源 U、V、W 上的，显然绕组中电流相序是按照顺时针方向排列的。由不同瞬间的磁场方向可以看出，旋转磁场也是按照顺时针方向旋转的。

二、工作原理

三相异步电动机定子的三相对称绕组接入三相对称电源后，就会流过三相对称电流，从而在电动机中就会产生旋转磁场，以同步转速旋转。在旋转磁场的作用下，转子导体中的感应电动势产生出感应电流。转子电流在转子铁芯上产生转子磁场，转子磁场与旋转磁场相互作用的结果使转子转动，这就是异步电动机的工作原理。

任意对调两根电源线，就可使旋转磁场反转，就可以实现改变三相异步电动机旋转方向的目的。

三、转差及转差率

当三相异步电动机正常运行时，转子转速 n 将永远小于旋转磁场的同步转速 n_1。因为如果 $n=n_1$，转子转速与旋转磁场的转速相同，转子导体将不再切割旋转磁场的磁力线，因而不会产生感应电动势，也就没有电流，电磁转矩为零，电动机将不能转动。由此可见，n 与 n_1 的差异是产生电磁转矩，确保电动机持续运转的重要条件。因此称其为异步电动机。由于三相异步电动机的转动是基于电磁感应原理而工作的，所以又称其为三相感应电动机。

旋转磁场转速 n_1 与转子转速 n 之差（n_1-n）称为转差。

转差与同步转速之比的百分数就称为转差率。三相异步电动机的转差率一般用 S 来表示，即：

$$S=\frac{n_1-n}{n_1}\times100\%$$

转差率是分析三相异步电动机运行特性的一个重要数据。电动机启动时，$n=0$，$S=1$；同步时，$n=n_1$，$S=0$；电动机在额定条件下运行时，其转差率 $S_e=0.02\sim0.06$（或 $2\%\sim6\%$）。

第**6**章 电动机与电气基本控制电路

第 3 节

电磁转矩和机械特性

一、电磁转矩

1. 转差率与转子电流频率的关系

异步电动机运转时，旋转磁场将以相对速度 $n_1 - n = Sn_1$ 切割导体，在转子导体中产生感应电动势，所以感应电动势的频率 f_2 为：

$$f_2 = \frac{p\ (n_1 - n)}{60} = \frac{pn_1}{60}S = Sf_1$$

2. 转矩特性

异步电动机的转矩特性曲线如图 6—7 所示。它是表示转矩与转差率之间关系的曲线。

由图可见，电动机在启动瞬间 $S = 1$，启动电流虽然很大，但转子功率因数 $\cos\varphi_2$ 却很小，转子电流的有功分量 $I_2\cos\varphi_2$ 并不是最大值，故启动转矩 M_q 并不大。

当电动机启动后（即电动机工作在曲线的 CB 段），转速逐渐升高，S 逐渐减小，但 $\cos\varphi_2$ 逐渐增大。因 I_2 减小缓慢，所以 M 逐渐增至最大值。

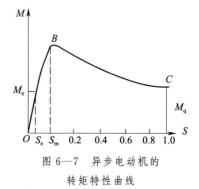

图 6—7 异步电动机的
转矩特性曲线

当转速继续增加，使转差率小于 S_m 以后（图中 BO 段），I_2 迅速减小，而 $\cos\varphi_2$ 却提高不大，从而使 $I_2\cos\varphi_2$ 减小，电磁转矩 M 相应迅速降低。

当转差率 $S = 0$ 时，虽 $\cos\varphi_2 = 1$，但转子电流 $I_2 = 0$，所以电磁转矩 M 也等于零。

由以上分析不难看出，异步电动机的转矩特性是一条有最大值的特性曲线。

二、机械特性

合理地使用电动机，必须了解其机械特性。所谓机械特性，是指转速与电磁转矩间的关系。与转矩特性相比，它可以更直接地说明异步电动机的运转性能。

以横轴表示电磁转矩 M，以纵轴表示转子转速 n，根据转矩特性曲线（见图 6—7），即可绘出机械特性曲线（见图 6—8）。

电动机在刚启动瞬间，即 $n=0$ 时的转矩称为启动转矩，其值不大，如图 6—8 中的 M_q。当电动机的启动转矩 M_q 大于电动机轴上的反抗转矩（由负载力矩、电动机风阻、摩擦等产生）时，电动机开始旋转，并逐渐加速。由机械特性曲线可知，此时电磁转矩沿 CB 部分上升，经最大转矩 M_m 后，又沿着曲线的 BA 部分逐渐下降。最后当电磁转矩等于反抗转矩时，就以某一转速等速旋转。

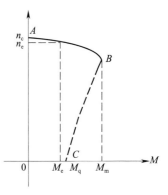

图 6—8　异步电动机的机械特性曲线

由图可见，电动机一经启动，便立即进入机械特性曲线的 AB 段稳定地工作，称为稳定区。

在 AB 段工作的电动机负载增大时，电动机转速将有所下降，电磁转矩上升，与负载保持平衡。当负载转矩大至超过最大转矩时，电动机的转速将迅速下降，直到停止转动。电动机的稳定区是一条稍稍向下倾斜的直线。它说明由空载到满载时，转速下降很少。这样的机械特性称为硬特性。这种特性对于金属切削机床的拖动电动机就极为适用。

由上述分析可见，电动机只能在稳定区工作。同时，在选用电动机时，其负载转矩不能大于电动机的最大转矩。

1. 额定转矩

电动机在长期持续工作时，其轴上所输出的最大允许转矩称为额定转矩 M_e。当电动机在额定状态下运行时，其额定转矩可根据额定功率 P_e 和额定转速 n_e 求出，即：

$$M_e = 9\,550\,\frac{P_e}{n_e}\ (\text{N}\cdot\text{m})$$

2. 启动转矩

电动机接上电源，转子还未转动（即转速 $n=0$）的瞬间，电动机所产生的电磁转矩称为启动转矩。启动转矩越大，电动机的启动性能越好。一般电动机的启动转矩为电动机额定转矩的 $1.1\sim2$ 倍。启动转矩的大小与下列因素有关。

（1）与电压有关。启动转矩与加在电动机定子绕组上电压的平方成正比。改变加在电动机定子绕组上的电压，便可以改变其启动转矩的大小。

（2）与漏电抗有关。当电动机的漏电抗增大时，启动转矩就会减小；而电动机的漏电抗减小时，启动转矩就会增大。由于电动机的漏电抗与绕组匝数的平方成正比，同时也与电动机的气隙大小有关，因此，当电动机启动困难时，适当地减少定子每相绕组的匝数，或适量地增加气隙的长度，均可减少电动机的漏电抗，从而增大启动转矩。

（3）与转子电阻有关。电动机转子电阻的大小与启动转矩有关。当转子电阻增大时，可使启动转矩增加。因此，绕线型电动机启动时，在转子绕组回路中串入适当的附加电阻就可以增大启动转矩，减小启动电流。

3. 最大转矩

三相异步电动机启动过程中，电动机的转速由零逐渐增加到稳定转速，在速度增加的过程中，电动机的电磁转矩是变化的，电磁转矩有一最大值，称为电动机的最大转矩。

最大转矩也用其额定转矩的倍数来表示。电动机带负载运行时，可能发生短时的过负载情况。如果电动机的最大转矩小于过负载时的转矩，则电动机会停止转动。最大转矩倍数表

第 6 章　电动机与电气基本控制电路

明电动机的过载能力。最大转矩越大，电动机的过载能力越强。一般异步电动机的过载能力为额定转矩的 1.8～2.5 倍。最大转矩的大小与下列因素有关。

（1）与电压有关。最大转矩与加在电动机定子绕组上电压的平方成正比。改变加在电动机定子绕组上的电压便可以改变最大转矩，即可以改变其过载能力。

（2）与漏电抗有关。当电动机的漏电抗增大时，其最大转矩就会减小；而当电动机的漏电抗减小时，其最大转矩就会增大。

异步电动机的最大转矩与转子电阻无关。增大转子电阻只能增加电动机的启动转矩，但不能改变其最大转矩。

4. 过载能力

电动机的额定转矩应小于最大转矩 M_m，而使用中不能过于靠近最大转矩，否则当电动机稍有过载时，就会立即停转。因此，在实际应用中，常使电动机的额定转矩比最大转矩小得多，其比值称为电动机的过载系数，以符号 λ 表示，即：

$$\lambda = \frac{M_m}{M_e}$$

异步电动机的过载系数 λ 一般为 1.8～2.5。

应该指出，异步电动机的转矩与定子绕组的外加电压 U_1 的平方成正比。电动机外加电压的变动对异步电动机的转矩影响较大。

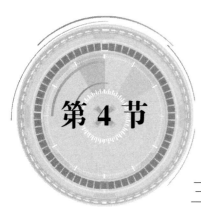

第4节

三相异步电动机的使用

一、电动机的铭牌

每台电动机上都安装有一块铭牌。它标明了电动机的型号和主要技术数据。表6—1就是一台三相异步电动机的铭牌实例。

表6—1　　　　　　　　　三相异步电动机的铭牌数据

三相异步电动机			
型号	Y180M—2	编号	××
额定功率	22 kW	接法	△
额定电压	380 V	工作方式	S1
额定转速	2 940 r/min	绝缘等级	B
额定电流	42.2 A	温升	60℃
额定频率	50 Hz	质量	180 kg
出厂编号	×××	出厂日期	年　月　日
×××电机厂			

1. 型号

用英文字母和阿拉伯数字表示电动机的类型，如：

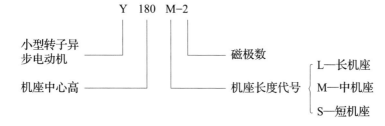

2. 额定功率

额定功率是指电动机在额定运行条件下转轴上输出的机械功率（保证值），其单位为 kW。

3. 额定电压

额定电压是指电动机额定运行时应加在定子绕组上额定频率下的线电压值。

4. 额定电流

额定电流是指电动机额定运行时定子绕组的线电流值。

5. 额定转速

额定转速是指电动机在额定频率、额定电压和输出额定功率时的转速。

6. 温升

温升是指电动机在额定运行状态下运行时，电动机绕组的允许温度与周围环境温度之差。

7. 工作方式

用电动机的负载持续率来表示工作方式。它表明电动机是作连续运行还是作断续运行。工作方式 S1，即连续工作制。

8. 绝缘等级

绝缘等级是指电动机内部所有绝缘材料所具备的耐热等级。它规定了电动机绕组和其他绝缘材料可承受的允许温度。

绝缘材料的耐热分级见表 6—2。

表 6—2　　　　　　　　　　　绝缘材料的耐热分级

级别	Y 级	A 级	E 级	B 级	F 级	H 级	C 级
允许工作温度	90℃	105℃	120℃	130℃	155℃	180℃	180℃以上
主要绝缘材料举例	纸板、纺织品、有机填料、塑料	棉花、漆包线的绝缘	高强度漆包线的绝缘	高强度漆包线的绝缘	云母片制品、玻璃丝、石棉	玻璃、漆布、硅有机弹性体、石棉布	电磁石英

目前，我国按新标准生产的电动机，如 Y 系列等均已采用 B 级绝缘材料。

二、电动机绕组的接法

三相异步电动机的三相绕组共有六个引出线头，分别接于机壳上接线盒内的六个接线柱。接线柱上标有数字或符号，以说明哪两个线头是同一相绕组的，哪个是头，哪个是尾。按照国家标准规定，新生产的电动机接线柱应标有 U_1、V_1、W_1、U_2、V_2、W_2，如图 6—2所示。一般电动机的接线柱都是这样排列的。

目前，有些旧型号的电动机标法很多，有标 D_1、D_2、D_3、D_4、D_5、D_6 的，有标 A、B、C、X、Y、Z 的，也有标 1、2、3、4、5、6 的，还有标其他符号的，甚至有的电动机没有接线盒而在引出的绝缘软铜线端子上直接做标记。一般 U_1 和 U_2（或 D_1 和 D_4、或 1 和 4，或 A 和 X）是第一相的；V_1 和 V_2（或 D_2 和 D_5、或 2 和 5，或 B 和 Y）是第二相的；W_1 和 W_2（或 D_3 和 D_6、或 3 和 6，或 C 和 Z）是第三相的。其中 U_1、V_1、W_1（或 D_1、D_2、D_3，或 1、2、3，或 A、B、C）是各相绕组的头，而 U_2、V_2、W_2（或 D_4、D_5、D_6，或 4、5、6，或 X、Y、Z）是各相绕组的尾。

把 U_2、V_2、W_2 连接在一起，这个节点称为中点，将 U_1、V_1、W_1 接三相电源，如图 6—2a 所示就是星形（Y）接法及其接线图。

这里应特别注意的是，必须将三个相尾（或相头）连接在一起，而三个相头（或相尾）接电源，但不能把相头和相尾连接在一起，否则电动机将不能正常运行。

将 U_1 和 W_2 连接在一起，V_1 和 U_2 连接在一起，W_1 和 V_2 连接在一起，而将 U_1、V_1、W_1 连接到电源，如图 6—2b 所示就是三角形（△）接法及其接线图。

这里应特别注意的是，一相绕组的头必须和另一相绕组的尾连接在一起，但不能把绕组的头和头或尾和尾连接在一起。

具体接线时，必须注意电动机电压、电流和接法三者之间的联系。如某台电动机铭牌上标有电压 220 V/380 V，接法 △/Y，这就表明该电动机可以接 220 V 和 380 V 两种电源。电源线电压不同时，应采用不同的接线方法。当电源线电压为 220 V 时，电动机就应当接成三角形；当电源线电压为 380 V 时，电动机就应该接成星形。

三、电动机的启动

三相异步电动机接通三相交流电源后，转速由零逐渐加速到稳定转速的过程称为启动。

对异步电动机的启动一般有以下几点要求：

第一，有足够大的启动转矩。启动转矩必须大于启动时电动机的反抗转矩，电动机才能启动，启动转矩越大，加速越快，启动时间越短。

第二，在具有足够启动转矩的前提下，启动电流应尽可能地小。启动电流过大，将使电网电压明显降低，以致影响其他电气设备的正常运行。

第三，启动设备应结构简单、经济可靠、操作方便。

第四，启动过程中的能量损耗要小。

异步电动机固有的启动性能是启动电流大，而启动转矩不大。这是因为开始启动瞬间，电动机转速 $n=0$，旋转磁场切割转子导体的速度最大，感应电动势最大，转子电流最大，定子电流也最大。这时的定子电流称为异步电动机的启动电流，其数值可达额定电流的 4～7 倍。一般容量较大、极数较多的电动机，其启动电流的倍数较小。

1. 笼型异步电动机的启动方式

笼型异步电动机的启动方式有两类：一类是直接启动；另一类是降压启动。

（1）直接启动。直接启动又称为全压启动，是将电动机的定子绕组直接接到额定电压的电源上启动。

直接启动的优点是方法简单、操作方便、设备简单、启动转矩较大、启动快；其缺点是启动电流大、造成电网电压波动大，从而影响同一电源供电的其他负载的正常运行，其影响的程度取决于电动机的容量与电源（变压器）容量的比例大小。一台异步电动机能否直接启动与以下因素有关：

1）供电变压器容量的大小。

2）电动机启动的频繁程度。

3）电动机与供电变压器间的距离。

4）同一变压器供电的负载种类及允许电压波动的范围。

综合上述因素，各地对允许直接启动的电动机容量均有相应的规定。北京地区电气安装

第 6 章　电动机与电气基本控制电路

标准中规定如下：

- 由公用低压电网供电时，容量在 10 kW 及以下者，可直接启动。
- 由小区配电室供电时，容量在 14 kW 及以下者，可直接启动。
- 由专用变压器供电时，经常启动的电动机启动瞬时电压损失值不超过 10％，不经常启动的电动机不超过 15％，可直接启动。

（2）降压启动。笼型异步电动机的降压启动是利用一定的设备先行减低电压，来启动电动机，待转速达到一定时，再加额定电压运行。

降压启动的目的在于减小启动电流，但由于启动转矩与电压的平方成正比，所以启动转矩相应减小。

常用的降压启动方法有定子串电阻器或电抗器启动、星—三角形启动、自耦减压启动等。

1）定子串电阻或电抗启动。启动时，在定子回路中串接电阻器或电抗器，借以降低加在定子绕组上的电压，待转速上升到一定程度，再将电阻器或电抗器短路，电动机全压运行。

串电阻启动方式的优点是设备简单、造价低，缺点是能量损耗较大，以前常用于中、小容量电动机的空载或轻载启动。

串电抗启动方式的优点是能量损耗小，缺点是电抗器成本高，以前常用于高压电动机的启动。

2）星—三角形启动。正常运行时为三角形接法的电动机可以采用星—三角形（丫—△）启动方式，即在启动时将定子绕组接成丫接法，以使得加在每相绕组上的电压降至额定电压的 $1/\sqrt{3}$，因而启动电流就可减小到直接启动时的 1/3，待电动机转速接近额定转速时，再通过开关改接为△接法，使电动机在额定电压下运转。由于电压降为 $1/\sqrt{3}$，启动转矩与电压的平方成正比，因此启动转矩也降为△接法直接启动时的 1/3。

丫—△启动器有空气式和油浸式两种。常用的手动空气式丫—△启动器有 QX$_1$、QX$_2$ 两个系列，控制电动机的最大容量为 30 kW；自动空气式丫—△启动器有 QX$_3$、QX$_4$ 两个系列。QX$_3$ 控制的电动机最大容量为 30 kW；QX$_4$ 控制的电动机最大容量为 125 kW。它们均具有过载及失压保护功能。

另外，在无成套丫—△启动器时，也可以用交流接触器、继电器等组成丫—△启动装置，以按钮来操作。如图 6—9 所示为丫—△启动电路原理图。

丫—△启动方式的优点是设备比较简单、成本较低、维修方便、可以频繁启动；缺点是启动转矩较小，只有直接启动时的 1/3，所以仅适用于正常运行时定子绕组为三角形接法电动机空载或轻载启动。

3）自耦减压启动。自耦减压启动即通常所说的补偿启动器。它实际上就是利用自耦变压器降压启动，如图 6—10 所示。启动时，先合上开关 K$_1$，再将开关 K$_2$ 合在"启动"位置，通过自耦变压器把电压降低，使电动机在较低电压下启动，待转速接近额定转速时，再将开关 K$_2$ 合向"运转"位置。这时，电动机与自耦变压器脱离，在额定电压下工作。

自耦变压器备有不同的电压抽头，如 80％、65％的额定电压，以供选择不同的启动电压。

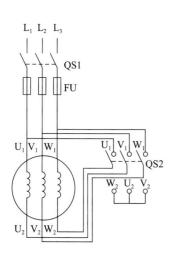

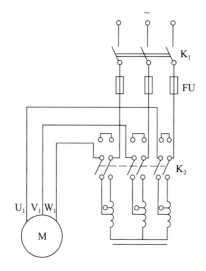

图 6—9　Y—△启动电路原理图　　　　图 6—10　自耦减压启动电路原理图

　　自耦减压启动方式的优点是启动电压的大小可通过改变自耦变压器的抽头来调整，正常运行时 Y 接法或 △ 接法的电动机均可采用。它的缺点是结构复杂、价格昂贵，不允许频繁启动。自耦减压启动一般适用于启动转矩要求较大的场合。

　　常用的自耦减压启动器有 QJ_2、QJ_3 系列。QJ_2 自耦减压启动器抽头有 73％、64％ 和 55％ 三种，控制电动机的容量为 $40\sim130$ kW；QJ_3 自耦减压启动器抽头有 80％ 和 65％ 两种，控制电动机的容量为 $10\sim75$ kW。

2. 绕线型异步电动机的启动方式

　　（1）转子电路中串联变阻器启动。这种启动方式是在转子电路中串联一组可以调节的电阻器（又称启动变阻器）。启动时，将电阻调整到最大值，也就是将全部电阻串入转子电路中，然后再通过控制器把电阻逐级短接以减小电阻值，来增加电动机的转速。启动终了时，电阻器全部切除，此时电动机的转子绕组可通过短接装置短接，如图 6—11 所示。

　　对于具有提刷装置的电动机，在启动完毕时应扳动手柄，将电刷提离滑环，并将三个滑环短接。停机后，应扳动手柄，将电刷放下，接入全部启动电阻，以备下次启动。

　　这种启动方法的优点是：启动转矩大、启动电流小，通过增加电阻的分段数可获得较为平稳的启动特性。它的缺点是控制线路较为复杂、维护工作量较大。它一般适用于启动转矩要求较大，而启动电流要求比较小的生产机械的拖动场合。

　　（2）转子电路中串联频敏变阻器启动。频敏变阻器的外形和一个无副边绕组的三相变压器相似。它由几片或几十片较厚的钢板叠成的铁芯和绕在铁芯上的线圈所组成。三相线圈接成星形，启动时串联在转子电路中，如图 6—12 所示。电动机启动时，转子电流流过频敏变阻器的线圈，在频敏变阻器的铁芯中产生交变磁通和铁损，铁损反映到转子电路相当于串入一个等效电阻。当铁芯的材料、几何形状以及尺寸一经确定后，铁损的大小就取决于转子电流的频率，近似与频率的平方成正比。

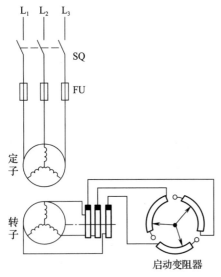

图 6—11　绕线型异步电动机启动线路图

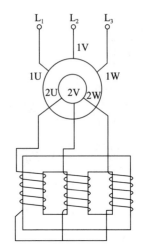

图 6—12　绕线型异步电动机串联
频敏变阻器启动示意图

电动机刚刚启动的瞬间，转子电流的频率 $f_2 = Sf_1 = f_1$，铁损较大，反映铁损的等效电阻也较大。在启动过程中，随着转矩的提高，转子电流频率 $f_2 = Sf_1$ 随之下降，铁损随之减小。启动完毕后正常运行时，S 很小，f_2 很低，铁损很小，其等效电阻也很小，对电动机正常运行时的性能影响不大。上述特点与绕线式电动机的启动要求是相吻合的。

这种启动方式的优点是可实现无触点启动，减少控制元件，简化控制线路，降低初投资，减轻维护工作量，启动平稳以及加速均匀等，其缺点是频敏变阻器的电抗增加了转子电路的漏电抗，使 $\cos\varphi_2$ 减小，故启动转矩较串电阻启动方式启动时要小。它可以在很多场合代替转子串电阻的启动方式，应用极为广泛。

3. 异步电动机启动前的检查

（1）新安装的电动机应认真核对铭牌上的容量、电压、极数、接法等，接线应正确。

（2）启动设备接线应正确、牢靠，动作应灵活，触点接触良好。

（3）油浸式启动设备油量符合要求，油质合格。

（4）绕线型电动机的电刷与滑环良好，电刷提升机构灵活，电刷压力正常。

（5）传动装置正常，传动带松紧合适，传动带连接牢固，联轴器紧固。

（6）传动装置及电动机、生产机械周围无杂物。

（7）用手转动电动机轴，应转动灵活，无卡阻现象。

（8）电动机及启动装置的接地或接零可靠。

（9）新安装的电动机或停用三个月以上的电动机应摇测绝缘电阻。

4. 异步电动机启动时的注意事项

（1）电动机的启动与停机均应严格遵守操作规程，操作步骤不得颠倒。

（2）合闸启动后，如电动机不转或转速过低，应迅速切断电源，查找原因、排除故障。

（3）新安装或检修后初次投入运行的电动机，应检查电动机的转向是否正确。对要求固定转向的设备，应先将电动机的转向试好，再安装设备。

（4）必须限制电动机的连续启动次数。

（5）电动机启动后，应检查电动机、传动装置及生产机械有无异常现象，电压表、电流表的读数应正常。

（6）几台电动机由一台变压器供电时，不得同时启动，应按照由大到小一台一台启动的原则来进行。

四、电动机的运行

1. 异步电动机运行中的监测与维护

（1）监视电动机各部分发热情况。电动机在运行中温度不应超过其允许值，否则将损坏其绝缘，缩短电动机寿命，甚至烧毁电动机，导致重大事故。因此对电动机运行中的发热情况应及时监视。一般绕组的温度可由温度计法或电阻法测得。温度计法测量是将温度计插入吊装环的螺孔内，以测得的温度加 10℃ 代表绕组的温度。测得的温度减去当时的环境温度就是温升。根据电动机的类型及绕组所用绝缘材料的耐热等级，制造厂对绕组、铁芯等都规定了最大允许温度或最大允许温升，一般均按允许的最高温度减去 35℃ 就是允许温升。

（2）监视电动机的工作电流和三相平衡度。电动机铭牌额定电流是指室温为 35℃ 时的数值。运行中的电动机电流不允许长时间超过规定值。三相电压不平衡度一般不应大于线间电压的 5%；三相电流不平衡度不应大于 10%。一般情况下，在三相电流不平衡而三相电压平衡时，表明电动机故障或定子绕组存在匝间短路现象。

（3）监视电源电压的波动。电源电压的波动常能引起电动机发热。电源电压升高，将使其磁通增大，励磁电流增加，定子电流增大，从而造成铜损和铁损的增加；电源电压降低，将使磁通减小。当负载转矩一定时，转子电流增大，从而定子绕组电流也要增大。可见，电源电压的升高或降低，均会使得电动机的损耗加大，造成电动机温升过高。在电动机出力不变的情况下，一般电源电压允许变化范围为 $-5\% \sim +10\%$。

（4）监视电动机的声响和气味。运行中的电动机发出较强的绝缘漆气味或焦煳味，一般是因为电动机绕组的温升过高所致，应立即查找原因。

通过运行中电动机发出的声响，可以判断出电动机的运行情况。正常时，电动机的声音均匀，没有杂音；如出现"咕噜"声，可能是电动机的轴承部位故障；如出现碰擦声，可能是电动机扫膛（即定子与转子相摩擦）；如出现"嗡嗡"声，可能是负荷过重或三相电流不平衡；如声音很大，则可能是电动机缺相运行。

2. 电动机应立即停止运行的情况

（1）电动机或所带生产机械出现严重故障或卡死。

（2）电动机或电动机的启动装置出现温升过高、冒烟或起火现象。

（3）发生人身事故。

（4）电动机组出现强烈振动。

（5）电动机转速出现急剧下降，甚至停车。

（6）电动机出现异常声响或焦煳气味。

（7）电动机轴承的温度或温升超过允许值。

（8）电动机的电流长时间超过铭牌额定值或在运行中电流猛增。

（9）电动机缺相运行。

3．电动机的定期维修

运行中的电动机除应加强监视外，还应进行定期的维护与检修，以保证电动机的安全运行，并延长电动机的使用寿命。

电动机的检修周期应根据其周围的环境条件、电动机的类型以及运行情况来确定。一般情况下，电动机应每半年到 1 年小修一次；每 1～2 年大修一次。如周围环境良好，检修周期可适当延长。

（1）电动机小修的内容

1）清扫电动机外部的灰尘或油垢。

2）检查电动机轴承的润滑情况，补换润滑油。

3）绕线型电动机应检查滑环、调换电刷。

4）检查出线盒引线的连接是否可靠，绝缘处理是否得当。

5）检查并紧固各部螺栓。

6）检查电动机外壳接地或接零是否良好。

7）摇测电动机的绝缘电阻。

8）清扫启动装置与控制电路。

9）检查冷却装置是否完好。

（2）电动机大修的内容

1）电动机解体检修并清除污垢。

2）检查定子绕组的绝缘情况，槽楔有无松动，匝间有无短路或烧伤的痕迹。

3）检查通风装置是否完好。

4）检查有无扫膛现象。

5）检查转子笼条有无断裂。

6）对电动机外壳进行补漆。

7）测量电动机绕组和启动装置的直流电阻、各绕组间的绝缘电阻，各绕组间的直流电阻差值不得大于 2%（比较时需要换算到同一温度下）。

五、电动机的转向控制

某些生产机械在工作过程中，不仅需要正向转动（正转），而且还需要反向转动（反转），也就是需要经常改变转动方向。虽然生产机械旋转方向的改变可以用机械方法，如利用换向离合器等，但有些场合就存在一定困难，这时，就可以通过改变电动机的旋转方向来达到目的。电动机的旋转方向是和定子旋转磁场的方向始终一致的，而定子旋转磁场的旋转方向又取决于电源的相序。所以，要使电动机反转，只要改变输入电动机三相电源的相序，也就是将三相电源的 L_1、L_2、L_3 三条导线中的任意两条对调就可以了，如图 6—13 所示。

1．正转运行

按下正转启动按钮 SB_3，接触器 KM_1 的线圈接通电源后动作，其常开辅助触点闭合，实现自锁，正转接触器 KM_1 的主触点闭合，电动机正转。正转接触器常闭辅助触点 KM_1 同时打开，切断反转接触器 KM_2 电源回路，以防 KM_2 误动作。

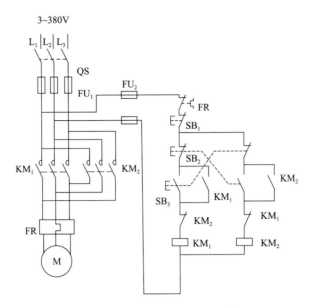

图 6—13　三相异步电动机正反转控制电路

2. 停止运行

按下停止运行按钮 SB_1，正转接触器 KM_1 失电释放，其主、辅触点均复位，自锁消除，电动机停止转动。

3. 反转运行

在正转运行条件下，直接按下反转启动按钮 SB_2，SB_2 常闭触点分断，使 KM_1 释放，电动机断电，KM_1 的常闭触点恢复闭合（为 KM_2 吸合准备）；到 SB_2 的常开触点闭合时，KM_2 吸合并自锁，电动机反转。同时 KM_2 的常闭触点分断，断开 KM_1 电源回路，防止 KM_1 误动作。

控制三相异步电动机正反转运行还有利用双投刀开关以及利用倒顺开关等方法，在此不再赘述。

六、电动机的调速

根据生产机械的需要，在负载一定的条件下改变电动机的转速称为调速。

由异步电动机的转速公式 $n=(1-S)n_1=(1-S)60f_1/p$ 可以看出，异步电动机的转速与电源的频率、磁极的对数以及转差率有关，因此电动机调速可从三个方面入手。

1. 变频调速

改变电源的频率 f_1 就可以改变电动机转速。当 f_1 增加时，电动机转速增加；当 f_1 减小时，电动机转速降低。因此，通过电源频率 f_1 的变化，可得到平滑且宽范围的调速性能。但变频调速需要一套变频装置。该装置占地面积较大，价格昂贵，设备复杂。以前常采用同步变频机组，一般应用于轧钢厂的辊道电动机，应用并不广泛。但近年来由于利用晶闸管实现交流变频技术取得突破，因此变频调速得到推广。

2. 变极调速

异步电动机的同步转速与磁极对数成反比，磁极对数增加一倍，同步转速下降一半，电

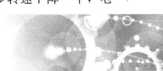

动机的转速也近似下降一半。所以改变磁极对数可以达到调速的目的。

改接绕组可以改变磁极对数，如图 6—14 所示。图中定子每相绕组由两个线圈组成（图中仅绘出了 A 相绕组）。当这两个线圈串联时，定子旋转磁场为两对磁极，如图 6—14a 所示。当两个线圈并联时，定子旋转磁场为一对磁极，如图 6—14b 所示。不难看出，改变三相定子绕组的接法，就可以改变旋转磁场磁极对数，从而就改变了电动机的转速。由于磁极只能按极对数来变化，因此这种调速方法是有级的。由一套绕组得到两种转速，通常称为单绕组双速电动机。它以变速比 2∶1 的倍数比调速。如在定子绕组上装设两套磁极对数不同的绕组，便可以得到三种或四种不同的转速。

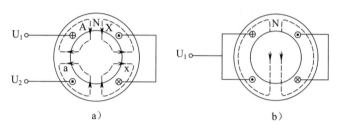

图 6—14 改接绕组改变磁极对数

a）两对磁极 b）一对磁极

变极调速的电动机一般都是笼型电动机。因为笼型电动机只需改变定子绕组的磁极对数，而转子绕组的磁极对数可以自动跟随定子磁极对数的变化而变化，使定子和转子的磁极对数相等，从而产生平均的电磁转矩。由于绕线型电动机的转子磁极对数不能自动改变，因此还必须改变转子绕组的磁极对数，其操作复杂，一般不使用这种方法调速。

变极调速的优点是控制设备简单、损耗小；其缺点是调速范围不大，而且不能平滑调速。在机床上常将这种调速方法与齿轮变速配合使用。

3. 绕线型电动机转子串电阻调速

在负载转矩不变的情况下，如果改变转子电路的电阻，就可以改变电动机转差率，从而改变电动机的转速。当在转子回路中串联的电阻越大时，转速将越低。这种方法的调速范围为 3∶1。

这种调速方法较为简单，调速范围较大，但会使电动机的机械特性变坏并且消耗的电能较大，因此，常用于要求短时间调速且调速又不太大的中、小型电动机。

七、电动机的制动

电动机的电磁转矩方向与转子的转动方向相同的工作状态是最常见的拖动状态。如果其电磁转矩方向与转子转动的方向相反，则电磁转矩变为制动转矩，这种工作状态称为制动状态。为了生产和安全的需要，有时也需要对电动机进行制动，以使转动的电动机迅速停转。常用的制动方法有机械制动和电力制动两大类。

1. 机械制动

机机制动是利用机械装置，在电动机切断电源后，依靠外加机械制动闸（一般采用电磁抱闸）作用于电动机轴上，使电动机迅速停止转动。

电磁抱闸由制动电磁铁和闸瓦制动器构成。制动电磁铁有单相和三相之分。闸瓦制动器包括杠杆、闸瓦、闸轮弹簧等。闸轮与电动机装于同一轴上。电磁抱闸如图 6—15 所示。当电动机通电启动后，电磁抱闸的线圈同时通电吸引衔铁，使其与静铁芯闭合，克服弹簧弹力，使得制动杠杆上移，从而使闸瓦与闸轮松开（松闸），电动机正常转动。

当电动机电源被切断后，线圈断电，衔铁释放，在弹簧作用下，闸瓦与闸轮紧紧抱住（抱闸），电动机被迅速制动而停转。因电磁铁与电动机为同一电源，只要电动机断电，其闸轮总是能被闸瓦紧紧抱住，电动机得到制动。

2. 电力制动

电力制动是指电动机的电磁转矩方向与电动机的实际旋转方向相反，从而使得电动机迅速停止转动。电力制动的方法有发电制动（再生制动或称回馈制动）、能耗制动和反接制动三种方式。

（1）发电制动。这种制动方法在起重机中有所应用，如高处下放重物时，由于重物下降速度大于电动机的同步转速，从而产生制动转矩，如图 6—16 所示。

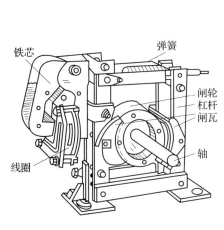

图 6—15　电磁抱闸

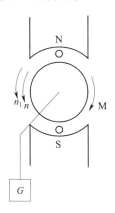

n_1——旋转磁场转向

n——转子转向

M——当 $n>n_1$ 时，对转子产生的转矩方向

图 6—16　异步电动机发电制动原理

电动机逆时针旋转自高处向下运送重物时，重物的位能会使电动机加速。当下降速度大于电动机的同步转速时，转子与磁场相对运动方向就改变了，从而使转子感应电流的方向也发生改变，根据右手定则可判别其方向。这样载流导体与磁场相互作用而产生的电磁转矩 M，根据左手定则可知，其方向与 n 相反，为顺时针方向，对重物下降起到制动作用，故称为制动转矩。制动转矩限制了重物下降的速度。

这种制动方法中转子电流产生的磁通在定子中感应出的电动势是向电源供出电能的，这时电动机成了发电机。它将重物的位能转变成了电能，因而称其为发电制动。由于电动机在发电状态下发出的电能回馈给电源，因此又称为回馈制动或再生制动。

这种制动方法经济，但其运转速度高，不宜用于一般吊车，常用于矿山斜井绞车上。

（2）能耗制动。将异步电动机定子绕组三相交流电源断开的同时，向定子绕组通入一定的直流电流，如为绕线型电动机，还可在转子电路中串入适当的电阻，以调节制动的强弱，如图 6—17a 和 b 所示分别为绕线型和笼型电动机能耗制动的接线图。

在定子绕组接通直流电源时，直流电流就在定子铁芯内产生一个固定方向的磁场，转子因惯性在磁场内旋转，并在转子导体中产生感应电动势，从而有感应电流流过，其方向由右手定

则判定，如图 6—18 所示。由图可见，转子所受转矩的方向是和电动机的转动方向相反的，故称为制动转矩。在制动转矩的作用下，电动机将迅速停车。当 $n=0$ 时，此转矩也降为零，制动结束。

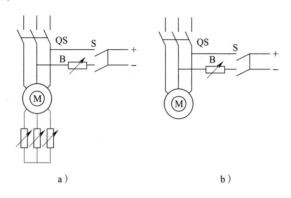
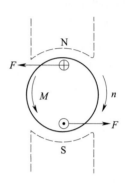

图 6—17　异步电动机能耗制动接线图　　　　　　　图 6—18　能耗制动原理
a）绕线型　b）笼型

　　这种制动方法的优点是能耗小，可以准确停车，其缺点是需要另设直流电源。这种方法一般适用于容量较大、制动频繁或要求准确停车的场合。

　　（3）反接制动。反接制动分为电源反接和转速反向两种方式。

　　1）电源反接的反接制动。电动机有制动要求时，将电源的任意两相对调，就可以立即使电动机的旋转方向改变，转子由于惯性仍保持原来的转动方向。这时转子感应电动势和电流方向改变，因此电磁转矩的方向也随之改变，变为与转子旋转方向相反，起到制动作用，从而使电动机迅速停车。

　　这种方式常用于笼型电动机，为限制制动转矩和电流，常用定子绕组两相串联电阻的方法。这种方式也适用于绕线型电动机，在制动时在转子回路串联一定的电阻，可以使得制动迅速且平稳。

　　这种方式的优点是制动转矩大、制动迅速，其缺点是转速接近于零时应迅速切断电源，否则电动机会反转。当然，这可由速度继电器来控制。当速度接近于零时，继电器动作，使电路断开。对于经常需要正反转的机械，采用这种方法较为合适。

　　2）转速反向的反接制动。这种方法一般用于绕线型电动机。当放下重物时，保持电源相序不变，也就是使旋转磁场和电磁转矩方向仍为提升重物方向，但应加大转子回路电阻，改变其机械特性。当电动机 $n=0$ 时的转矩小于负载转矩时，电动机在重物的位能下逆转，转速为负，重物下放。当下放速度达到一定时，电磁转矩与负载转矩平衡，转速稳定，以匀速下放重物。改变转子电路所串电阻的大小，就可以改变下放速度，电阻越大，下放速度越快。

　　这种制动方式的优点是可低速下放重物，而其缺点是能耗大，对于采用绕线型电动机且需要匀速下放重物的场合应用较多。

八、电动机的保护

　　电动机通常应具有短路、过电流及失压保护措施，现分述如下。

1. 短路保护

三相异步电动机定子绕组在发生相间短路故障时，会产生很大的短路电流，造成线路过热甚至导线熔化，有可能引起火灾、爆炸事故。熔断器就是常用的短路保护装置之一。当电动机发生短路故障时，电路中流过很大的短路电流，熔断器中的熔体就会受热熔断，切断电源，从而保护电气线路和电气设备。

常用的熔断器有 RClA、RLl、RT0 型等，但目前正被按照国家标准生产的 NT 系列逐步取代。熔断器熔体的选择方法如下。

（1）一台电动机熔体的选择。

$$I_{Re} = （1.5 \sim 2.5）I_e$$

式中　I_{Re}——熔断器熔体的额定电流，A；

　　　I_e——电动机的额定电流，A；

　　　（1.5～2.5）——系数，当电动机直接启动或重载启动时，启动电流较大，且启动时间较长，可取较大的系数；当电动机轻载启动或降压启动时，启动电流较小，且启动时间较短，可取较小的系数。

（2）多台电动机熔体的选择。电路上有多台电动机运行时，其总保护熔体可按以下经验公式选取：

$$I'_{Re} = （1.5 \sim 2.5）I_{em} + \sum I_e（n-1）$$

式中　I'_{Re}——电路总保护熔体的额定电流，A；

　　　I_{em}——启动电流最大的一台电动机的额定电流，A；

　　　$\sum I_e（n-1）$——除启动电流最大的一台电动机外，其余电动机（包括照明等用电设备）的额定电流总和，A。

根据计算出的熔体额定电流从电工手册中选取相应规格的熔体，然后再按照熔断器额定电流略大于或等于熔体额定电流的原则选取恰当的熔断器。

2. 过电流保护

运行中的电动机有时会出现过电流现象，其主要原因有：电网电压太低；机械负荷过重；启动时间过长或电动机频繁启动；电动机缺相运行；机械方面故障。

短时间的过负荷不会造成电动机的损坏，较长时间的持续过负荷会损坏电动机的绝缘以致将电动机烧毁。因此，必须采取过负荷保护措施。过负荷保护装置通常采用热继电器来实现。热继电器可以反映电动机的过热状态并能发出信号。当电动机通过额定电流时，热继电器应长期不动作；当电动机通过整定电流的 1.05 倍电流时，从冷态开始运行，热继电器在 2 h 内不应动作；当电流升至整定电流的 1.2 倍时，则应在 2 h 内动作。

用来对电动机进行过负荷保护的热继电器，其动作电流值一般按电动机的额定电流整定。

3. 失压保护

运行中的电动机电压过低时，由于电动机的电磁转矩与电压的平方成正比，所以，电动机的转速将下降，而电流必然增大，长期运行电动机也将因过热而烧毁。因此，在电网电压过低时，应及时切断电动机的电源。同时，当电网电压恢复时，也不允许电动机自行启动，以防发生设备事故和人身事故。为此，电动机通常应有失压保护装置。

使用接触器控制电动机时，即具有失压保护功能。

第 6 章　电动机与电气基本控制电路

九、电动机常见故障的分析

三相异步电动机在运行中有时可能出现故障，故障类型很多，由于故障产生的原因非常复杂，即使同一故障现象也可能有多种不同的原因。这就需要根据故障的现象以及以往运行中出现过的问题，对故障进行分析，然后确定相应的对策。下面就一些常见的故障现象、故障产生的原因以及检查处理的方法作简要介绍。

1．电动机温升过高

运行中的三相异步电动机温度过高的原因和处理方法如下。

（1）电源电压过高或过低——应检查和调整电源电压。

（2）三相电压不平衡甚至缺相运行——应检查电源、熔丝、开关、启动装置以及接线等是否有断相的现象，检查三相电压是否平衡，并排除故障点。

（3）绕组的相间或匝间短路——采用电桥测试各相绕组的直流电阻值，以便确定如何修理或更换绕组。

（4）绕组接地——用兆欧表摇测绝缘电阻，检查绝缘损坏原因，并增强绝缘或更换绕组。

（5）轴承缺油或损坏——应检查加油或更换轴承。

（6）过负荷运行——应降低负载或更换大容量的电动机。

（7）风道堵塞——应清除风道杂物，加强环境的管理。

（8）环境温度过高——应加强通风并改善散热效果。

2．电动机三相电流不平衡

三相异步电动机三相电流不平衡的原因和处理方法如下。

（1）三相电源电压不平衡——应检查电源电压。

（2）定子绕组匝间短路——如单相绕组短路或相间短路时，短路电流很大，熔丝将熔断，但如不熔断就有可能使得绕组过热而烧毁。一般只有在匝间短路情况下，熔丝才不熔断。应当引起注意的是，三相电流不平衡，被短路部分的绕组发热，长此下去有可能使故障扩大，因此必须停机检查处理。

（3）定子绕组一相断线——当电动机每相绕组的几条并联支路的一条或几条断路时，将造成三相阻抗不相等，从而引起三相电流的不平衡。最为严重的断线是一相断线或一相熔丝熔断所造成的电动机缺相运行。这时其余两相绕组电流增加很多，转速下降，一旦停机便不能再次启动，因此必须停机检查。

（4）熔断器、接触器或启动器的主触点以及主回路的连接点接触不良或有断开点——应停机检查处理。

3．电动机绝缘电阻降低

三相异步电动机绝缘电阻降低的原因和处理方法如下。

（1）绕组受潮——应进行烘干处理（烘干温度应控制在规程规定的范围内）。

（2）绕组上灰尘、碳化物过多——应予以清除。

（3）引出线及接线盒内的绝缘不良——应重新处理包扎或更换。

（4）绕组过热致使绝缘老化——应重新浸漆或重绕。

4．电刷冒火或滑环烧损

电动机电刷冒火或滑环烧损的原因和处理方法如下。

（1）电刷的压力调整不匀——应按规定压力重新调整。

（2）电刷与引线的接触不良——应重新接线。

（3）滑环表面不平，有砂眼、麻点——应加工磨平。

（4）电刷选择不当或质量低劣——应更换为厂家指定的电刷。

（5）维护不当，长期未清扫，滑环表面有污垢——应定期清扫。

（6）检修质量不高或刷握调整不当——应提高检修质量。

5．电动机内部起火冒烟

运行中的电动机起火冒烟时应立即停机。一般出现起火冒烟的原因主要有以下几点。

（1）长时间过载运行——当电动机过载时，电流增大，导致电动机绕组过热，绝缘受到损害。如过载保护能及时动作，尚不会产生很大影响，否则将使电动机绕组长时间处于过热状态，绝缘将受到更大的危害，甚至冒烟起火。

（2）电源电压过高或过低——当电源电压过高时，可能导致定子铁芯磁饱和，电流激增，从而使电动机过热，严重时有可能起火冒烟；当电源电压过低时，虽然机械负载并未改变，也会引起电动机过热，严重时会出现起火冒烟。

（3）电动机长时间缺相运行——星形接法的电动机将会使得其两相电流增加；而三角形接法的电动机也将造成一相电流的增加，使绕组过热，甚至起火冒烟。

（4）电动机转子与定子相擦（扫膛）——这时有部分绕组将发热甚至冒烟，在绕组上可看到有楔子烧焦的现象或定子与转子之间有火花迸出。

（5）转子铜条松动或接地——这种故障往往使转子发热比较严重，甚至有可能引起冒烟起火。

（6）接线错误——在接线时误将星形接法的绕组接成了三角形。这时不论负载大小，电动机均会出现过热现象，甚至起火冒烟。如将三角形接法的电动机误接成星形时，在空载的状态下电动机不会出现过热，而一旦加上负载后，电动机温度就将迅速升高，甚至起火冒烟。如果将电动机的一相绕组反接，那么电动机温度将急剧升高，甚至起火冒烟。

（7）定子绕组短路或一相接地，转子绕组接头松脱，机械卡阻——这时电动机就会出现出力不足，转速下降，甚至出现起火冒烟。

（8）笼型电动机转子断条或绕线型电动机转子断线——这时电动机也会出现出力不足，转速下降，这也是起火冒烟的原因之一。

6．电动机启动困难或不能启动

电动机启动困难或不能启动的原因有以下几方面。

（1）电动机本身原因

1）电动机选择不当——如笼型电动机就不能用来启动惯性大或静阻力矩大的机械。这时应选用绕线型或双笼型电动机。

2）定子绕组有短路故障——这时可能导致电动机启动转矩过小。

3）绕线型电动机的转子断线或接头松脱，还有滑环与电刷接触不良——因为电动机这时的启动转矩过小。

4）误将三角形接法的电动机接成了星形或一相绕组的首末端反接——这时电动机就会出现发热的现象，也可能会启动困难，甚至起火冒烟。

5）电动机扫膛——定子与转子相擦，启动困难，甚至不能启动。

第 6 章　电动机与电气基本控制电路

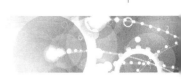

（2）电源方面原因

1）电源缺相。

2）电源电压太低，电动机启动转矩小。

3）选用自耦减压启动时其抽头选得太低。

（3）机械方面原因

1）联轴器校正不好或传动带过紧。

2）机械阻力矩过大或有卡阻、转动不灵活或根本不能转动。

7. 电动机可以启动但转速低

这种故障现象通常是空载运转没有问题，而一旦加上负载，其转速将急剧下降；如带负载启动，则启动不起来。其故障原因一般是下面两点。

（1）定子绕组电压过低——应检查电源电压是否正常并设法调整。

（2）笼型转子断条——应找出断条的部位并修好。

8. 电动机轴承过热

电动机的滚动轴承超过 100℃时，通常称为轴承过热。引起轴承过热的原因一般是下面几点。

（1）轴承损坏——应更换轴承。

（2）轴承扭歪、卡滞或安装不正——应重新装配并调整。

（3）润滑油太少——应清洗轴承，并填入适量的润滑油。

（4）润滑油不纯，有灰砂、铁屑等——应换用符合质量要求的润滑油。

（5）有漏油现象并发热或润滑油过多——应按规定数量调整油量。

（6）电动机端盖、轴承盖、机座不同心——各部元件应找正后重新装配。

（7）联轴器装配不正或传动带过紧——重新装配或调节传动带的松紧。

9. 电动机振动

电动机在运行中出现振动的原因有下面几点。

（1）电动机基础不平或稳固不好——应找平基础并稳固。

（2）联轴器装配不正或机械动平衡不良——应重新装配或重新解决动平衡。

（3）轴弯曲、转子不直或轴承损坏等引起扫膛——前者可加工调直，后者应更换轴承。

（4）风扇叶损坏或松脱——应修理扇叶或安装牢固。

（5）所拖动负载的振动传递给电动机——应解决生产机械的振动问题。

10. 电动机的运行声音异常

（1）轴承部位发出"咝咝"声——可能轴承缺油。

（2）轴承部位出现"咕噜"声——可能轴承损坏。

（3）电动机发出较大的低沉的"嗡嗡"声——可初步判断为电动机缺相运行；如声音较小，则可能是电动机过负荷运行。

（4）电动机出现刺耳的碰擦声——说明电动机可能有扫膛现象。

（5）电动机出现低沉的吼声——可能电动机的绕组有故障，或出现三相电流不平衡。

（6）电动机发出时低时高的"嗡嗡"声，同时定子电流时大时小，发生振荡——可能是笼型转子断条或绕线型转子断线。

（7）电动机发出较易辨别的撞击声——一般是机盖与风扇间混有杂物或风扇故障。

十、电动机的试验

新安装或检修后的电动机，应进行以下必要的检查与试验。

1. 绕组绝缘电阻的测量

电动机额定电压在 500 V 以下者，可用 500 V 兆欧表测量（新电动机要求用 1 000 V 兆欧表）；额定电压在 5 00 V 及以上者，应用 1 000 V 兆欧表测量；额定电压在 3 000 V 以上者，可用 2 500 V 兆欧表测量。

测量前，先拆除定子绕组和转子绕组的外接导线。如每相绕组首末端都有引出线时，可分别测量相间及各相绕组对外壳的绝缘电阻；如定子绕组只有三个出线端或绕线型的转子绕组，则只能将三个出线端封接，测量出三相绕组对外壳的绝缘电阻。

将测量出的数据与出厂资料或上次测量数据比较，当换算到相同温度时，不应有明显下降。

如无出厂资料，则绝缘电阻可参照下述规定：

（1）电压为 1 kV 以下的电动机，绝缘电阻不小于 0.5 MΩ。

（2）电压为 1 kV 及以上的电动机，在接近运行温度（一般为 75℃）时，定子绝缘电阻不低于每千伏 1 MΩ，转子绕组不低于每千伏 0.5 MΩ。

另外，各相绕组的不平衡系数一般不应大于 2；对 500 kW 以上的电动机，还应测吸收比。

2. 绕组直流电阻的测量

通过测量绕组的直流电阻可以判断各相电阻是否平衡，并将测量的数据与出厂资料或以往数据进行比较，如相差过大或不平衡，则说明电动机绕组有匝间短路、接触不良等，这时必须进一步查找故障。

测量时，使用单臂电桥或双臂电桥测量出各相绕组的直流电阻。将各相绕组的差值与出厂数值进行比较，不应超过 2%。当定子绕组在内部已经连接好时，可测线间电阻，其差值不应大于 1%。

3. 相序和旋转方向的确定

对于不允许反转的电动机（由电动机所带的生产机械所决定），在电动机启动前，可以采用相序指示器预先确定好相序及旋转方向。如没有这种仪表，也可利用感抗法或容抗法来确定。在确定旋转方向时，可先确定定子绕组的首尾端和接线方式，并按如图 6—19 所示接线。采用两节 1 号干电池接在假定的 A、C 相上。合上开关 K 后，将转子向规定方向盘动，如表针正摆，则电池正极所接的出线端定为 A 相，而负极所接的出线端定为 C 相，另一根就是 B 相。如表针反摆，可将假定的 A、C 相对调，并重复上述步骤来进行确定。

4. 电动机定子绕组首末端的判断

当电动机定子的每相绕组首尾端均引出时，可用直流感应法或交流电压法判断首尾端。如在电动机内部已经接成星形或三角形后只引出三个端头时，可采用单相电源短路试验法判断。

（1）直流感应法。利用直流感应法判断首末端接线如图 6—20 所示。先用万用表的欧姆挡区别出三相绕组来，然后在任一相绕组接入两节干电池，再在另外一相绕组串入直流毫安表。当电源接通的瞬间，直流毫安表向正向摆动，则干电池正极所接的线头与毫安表负端所

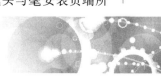

接线头同为首（或末）端；如指针反摆，则干电池正极所接的线头与毫安表正端所接的线头同为首（或末）端。最后将另外一相仿照上述方法再做一次试验，便可判定出三相绕组的首末端。

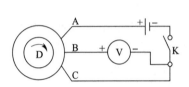

图6—19　确定电动机旋转方向的接线图

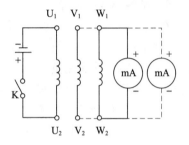

图6—20　直流感应法判断首末端接线图

（2）交流电压法。利用交流电压法判断电动机首末端的接线如图6—21所示。首先在其中一相绕组中接入不高于36 V的安全电压，其电流限制在额定电流下，另两相连接上白炽灯（功率15 W或25 W）或电压表，如灯亮或表有指示，表示三相绕组的首末端连接是正确的，否则表明接反。

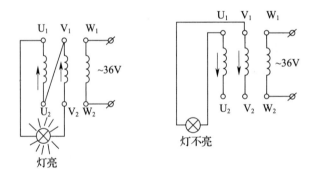

图6—21　交流电压法判断电动机首末端接线图

（3）万用表判别法。如图6—22所示，用万用表直流毫安挡进行测试。设法转动电动机转子，如表针不动，则表明首末端连接是正确的，否则表明首末端连接有误，这时可对调一相的首末端头再试，直到万用表表针不动为止。

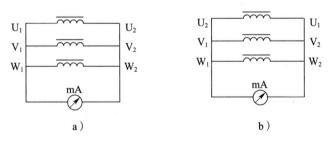

图6—22　用万用表判断首末端的接线图

a）指针不动说明绕组首末端连接正确　b）指针摆动说明绕组首末端连接错误

第 5 节

单相异步电动机

单相异步电动机由单相交流电源供电，其基本结构与一般三相笼型电动机相似，但是它有两套定子绕组，其中一套是用于产生磁场的工作绕组（又称主绕组），而另一套则是用于产生启动力矩的启动绕组（又称辅助绕组），转子也为笼型。这种电动机由于使用方便，不需要三相电源，在工业、医疗以及日常生活中（如吸尘器、洗衣机、电冰箱、吹风机、医疗器械等）应用极广。但是它与同容量的三相异步电动机相比，体积较大、运转性能较差，所以一般制成 0.6 kW 以下的小容量电动机。

一、构造

单相异步电动机的主要构造与三相异步电动机基本相同。

1. 定子

单相异步电动机的定子结构有两种形式，较大容量的采用和三相电动机相似的结构，如图 6—23 所示。

单相异步电动机的定子铁芯是用硅钢片叠压而成的，铁芯槽内嵌置有两套绕组。其中一套是主绕组，另一套是辅助绕组。两套绕组的中轴线应错开一定的电角度。

容量较小的单相异步电动机则制成具有凸极形状的铁芯，如图 6—24 所示，磁极的一部分被短路环罩住。凸极上装有主绕组。

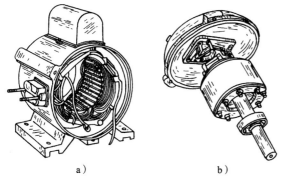

a）　　　　　　　　　　b）

图 6—23　单相异步电动机结构

a）定子　b）转子和端盖

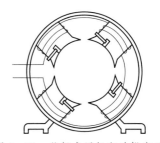

图 6—24　凸极式罩极电动机定子

2. 转子

单相异步电动机的转子与三相异步电动机相同，转子铁芯用硅钢片叠压而成，转子铁芯槽内装有笼型绕组。

3. 启动元件

单相异步电动机还备有启动装置。启动装置串联在辅助绕组的线路中。当电动机转速达到同步转速的80%时，启动装置将辅助绕组与电源断开。目前启动装置有下列两种。

（1）离心开关。离心开关包括静止部分和旋转部分。静止部分安装在前端盖内，旋转部分则安装在转轴上，其工作原理如图6—25所示。当电动机静止时，两个触点受旋转部分的弹簧压力而闭合，接通辅助绕组。待电动机启动后，转速达到同步转速的80%时，转动部分克服弹簧压力，使两个触点自行离开，切断辅助绕组的电源。

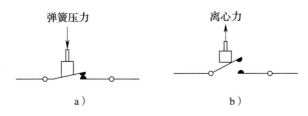

图6—25 离心开关工作原理

a）电动机静止时触点闭合 b）电动机运行时触点断开

（2）启动继电器。启动继电器一般安装在电动机的机壳上，其接线原理如图6—26所示。启动继电器中的电流线圈2安装在主绕组A的回路中，常开触点1安装在辅助绕组B的回路中。启动时，主绕组启动电流较大，电流线圈产生足够大的电磁力吸引衔铁，而使常开触点1闭合，使辅助绕组接通电源，于是电动机启动，转子转速上升。随着转速的升高，主绕组电流减小，当减小到一定程度时，由于电流线圈电磁吸力不够，继电器常开触点断开，切除辅助绕组。

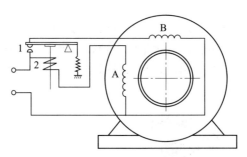

图6—26 启动继电器接线原理图

1—常开触点 2—电流线圈

A—主绕组 B—辅助绕组

二、类型

由于单相电流不能产生启动转矩，因此单相电动机不能自行启动。为了使单相异步电动机启动，必须设法使电动机在启动时获得一个旋转磁场，为此采取不同措施获得了不同的启动方法。根据启动方法的不同，单相异步电动机主要分为分相启动电动机、电容运转电动机、罩极电动机、单相串励电动机等类型。

三、分相启动电动机

分相启动电动机分为电容分相启动和电阻分相启动两大类。启动时在辅助绕组中串电容器，运转时切除的电动机称为电容分相启动电动机。启动时在辅助绕组中串以电阻，运转时使辅助绕组脱开电源的电动机（或辅助绕组本身比主绕组电阻大），称为电阻分相启动电动机。

1. 电容分相启动电动机

电容分相启动电动机接线原理如图 6—27 所示。电容器一般安装在机座顶上，并通过启动装置接在辅助绕组的电路中，两绕组的出线端 D_1、D_2、F_1、F_2 接在接线板并接于同一单相电源上。如果电容选用得恰当，可以使辅助绕组电流在时间相位上超前于主绕组电流 $90°$ 电角度。设主绕组电流为 i_A，辅助绕组电流为 i_B，两相电流的变化曲线如图 6—28 所示。

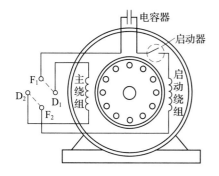

图 6—27　电容分相启动电动机接线原理

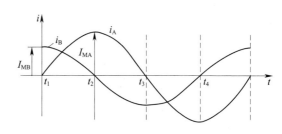

图 6—28　两相电流的变化曲线

单相电动机的两个在空间互差 $90°$ 电角度的绕组，通以互差 $90°$ 电角度相位的电流所产生的两相合成磁场是一个旋转磁场，因而可以在电动机转子中产生一个启动转矩。

单相电动机转子的旋转方向同三相电动机一样，也是和旋转磁场的方向一致的。因此只要将两相绕组中任一相的头尾对调接至电源，就可以改变两相合成磁场的旋转方向，从而改变启动转矩和单相电容启动电动机的旋转方向。

两相旋转磁场速度和三相旋转磁场一样，可用下式确定：

$$n_1 = \frac{60 f_1}{p}$$

式中　f_1——电源电压的频率，我国交流电网频率 50 Hz；

　　　　p——磁极对数。

由上式可见，当电源频率为 50 Hz 时，电动机具有不同的磁极对数，如 $p=1$、2、3、4 时，两相旋转磁场对应的同步转速为 3 000 r/min、1 500 r/min、1 000 r/min、750 r/min。

和三相异步电动机一样，单相异步电动机转速 n 略小于同步转速 n_1。

电容分相启动电动机所得到的启动转矩 M_q 较大，一般 $M_q = (2.5 \sim 3.5) M_e$，而启动电流 I_q 却较小，一般 $I_q = (4.5 \sim 5.5) I_e$，同时还可提高启动时的功率因数，显然这种电动机启动性能较好。

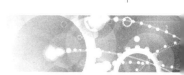

但电动机的转速升至一定值后（达到电动机同步转速的 80％ 左右时），启动装置动作，将辅助绕组和电容器从电源上断开。因此所用电容器工作时间不长，可以采用电解电容器。

目前，我国生产的电容分相启动的单相电动机，旧产品有 JY 系列，极数有 2 极、4 极两种；新产品有 CO 系列，极数有 2 极、4 极两种，容量为 120～750 W。

由于电容启动单相电动机的启动性能好，因此适用于要求启动转矩较大或要求启动电流较小的机械。

2. 电阻分相启动电动机

电阻分相启动电动机的接线原理如图 6—29 所示。电阻分相可以靠以下方法实现。

（1）辅助绕组使用细导线以增大辅助绕组的电阻。

（2）辅助绕组匝数比主绕组少，以减小辅助绕组的电抗。

（3）两个绕组在同一个槽内时，将主绕组放在槽底，辅助绕组放在槽上部，这样使主绕组电抗增大，辅助绕组电抗减小。

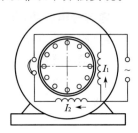

图 6—29　电阻分相启动
电动机接线原理

这样，两个绕组接至同一单相电源时，由于它们的电阻、电抗不同，因此两绕组中的电流也是不同相的。如前所述，两个绕组电流不同相，便能在电动机中产生两相旋转磁场，使电动机产生启动转矩，因而电动机能够自行启动起来。待电动机转速增加到一定程度后，辅助绕组不起多大作用，反而会造成电动机铜耗增加。因此，当速度上升到同步转速的 80％ 左右时，启动装置自动切断辅助绕组的电源。

电阻分相启动电动机由于两绕组中电流之间的相位差难以达到 90°电角度，因此，比电容分相启动电动机的启动转矩小、启动电流大。

改变电动机旋转方向的方法，一般是将接在接线板上的辅助绕组的两根引出线换接，即可使电动机的旋转方向改变。

目前，我国生产的电阻分相启动单相电动机，旧产品有 JZ 系列，极数有 2 极、4 极两种；新产品有 BO 系列，极数有 2 极、4 极两种，容量为 40～370 W。

电阻分相启动电动机较电容分相启动电动机省去了一个电容器，故价格低廉，但因启动转矩不大而启动电流较大，故只适用于要求启动转矩不大的机械，而启动电流对电源又无较大影响的场合。

四、电容运转电动机

由于电容运转电动机的辅助绕组和电容器长期接在电源上工作，因此这种电动机实质上已经构成了两相电动机，具有较好的运行性能，其功率因数、效率、过载能力均比其他单相电动机高，并且省去了启动装置，如图 6—30 所示。但是，这种电动机的启动转矩比电容分相电动机要小，通常不超过额定转矩的 30％，这是因为电容器是根据运行性能要求选取的，因此电容运转电动机适用于启动比较容易的机械。

电容运转电动机所使用的电容器是纸介质电容器或油浸纸介质电容器，而不是电解电容器，这是因为电容器是长期

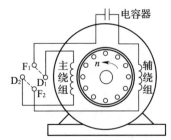

图 6—30　电容运转电动机

接在电源上工作的。

电容运转单相电动机应用十分普遍，常用于小型吹风机、小型压缩机、电冰箱、医疗器械等。目前，我国生产的旧产品多为 JX 系列，极数有 2 极、4 极两种，电压为 220 V，容量为 4～90 W；新产品为 DO 系列，极数为 2 极、4 极两种，容量为 8～180 W。

电动机改变方向可以通过对调辅助绕组接至接线板上的两根线来完成。

五、罩极电动机

磁极的一部分用短路环罩住的电动机，称为罩极电动机。

罩极电动机按照定子绕组的形式分为两种：集中绕组的罩极电动机和分布绕组的罩极电动机。

1. 集中绕组的罩极电动机

这种电动机的定子铁芯做成凸极式，如图 6—24 所示。在极面中间开一个小槽，用短路铜环罩住 1/3 的极面积，短路铜环可以起到辅助绕组的作用。而凸出的磁极上绕有集中绕组，它可以起到主绕组的作用。

主绕组中流过单相交流电流 i 后产生磁通，如图 6—31 所示。

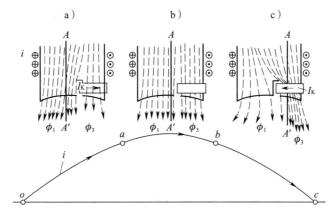

图 6—31　罩极电动机磁场的移动

其中一部分磁通 ϕ_1 先穿过未罩部分的极面，另一部分磁通 ϕ_2 滞后穿过罩极部分极面。当电流 i 变化时，磁通也随之变化。由于磁通 ϕ_2 与短路铜环相连，磁通 ϕ_2 的变化将在短路铜环中引起感应电流 I_K，产生磁通 ϕ_K，磁通 ϕ_K 是反对罩极部分磁通 ϕ_2 变化的。如当 ϕ_2 增加时，ϕ_K 与 ϕ_2 方向相反，阻止磁通 ϕ_2 减小。这样，罩极部分的总磁通 ϕ_3 是 ϕ_2 与 ϕ_K 之和。

由图 6—31 所示可分析出电流 i 变化时，整个极面下磁场中心线是如何移动的。

图 a：电流 i 从零上升到 a 点这段时间，整个磁极的磁场中心线 $A—A'$ 在未罩部分但偏左。

图 b：电流 i 从 a 点到 b 点这段时间，整个磁极的磁场中心线 $A—A'$ 在未罩部分，居整个铁芯中间。

图 c：电流 i 从 b 下降为零这段时间，整个磁极的磁场中心线 $A—A'$ 移向罩极部分。

由上述分析不难看出，随着电流 i 的变化，磁场中心线 $A—A'$ 从磁极未罩部分移向罩极

部分，产生了一个移动磁场，从而产生了启动转矩。启动转矩的方向和移动磁场的移动方向一致，因此电动机旋转方向和磁场移动方向一致，即由未罩部分转向罩极部分。

2. 分布绕组的罩极电动机

罩极电动机定子绕组也可采用分布绕组，如图6—32所示。主绕组分布于定子槽中，罩极绕组（即辅助绕组）也不用短路铜环，而是采用较粗的绝缘导线（一般用 $\phi1.5$ mm左右的圆铜线）构成分布绕组嵌在槽中。罩极绕组匝数较少（一般为2～8匝）。分布的槽数约为总槽数的1/3。主绕组与罩极绕组在空间相距一定的角度（约为45°电角度），各自串联成独立的回路，罩极绕组串联后自行短路。电动机的旋转方向从主绕组轴线转向罩极绕组的轴线。

罩极电动机的启动转矩都是很小的，因此一般其容量较小，功率为 $0.5\sim120$ W。

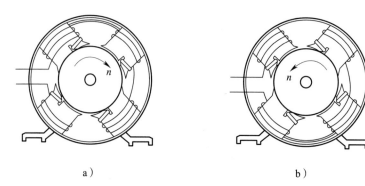

图6—32　分布绕组的罩极
电动机绕组分布示意图

罩极电动机结构简单，不需要启动装置和电容器，因此常用于电风扇、鼓风机等。由于其主绕组和罩极绕组的位置是固定的，因此罩极电动机是不能改变方向的。如果需要改变其旋转方向，只有将电动机拆开，把定子或转子反相安装，如图6—33a所示为电动机顺时针方向转动，而如图6—33b所示则为将定子铁芯反向安装时，由于电动机的旋转方向是由未罩部分转向罩极部分，因此电动机就是逆时针旋转了。

图6—33　罩极电动机旋转方向
a）定子正向安装时电动机旋转方向　b）定子反向安装时电动机旋转方向

六、单相串励电动机

单相串励电动机是一种交、直流两用的电动机。它的构造和工作原理基本上与一般串励直流电动机相似，由于其体积小、转速高、启动转矩大且转速可调，因此可在直流电源或单相交流电源上使用，从而在电动工具（如单相电钻、高压电器的操作机构等）中得到了广泛的应用。

1. 工作原理

串联的励磁绕组与电枢绕组接入直流电源时，根据主磁场磁通 φ 及电枢电流 I_a 的方向，用左手定则即可决定转子的旋转方向。在图6—34a中，转子沿逆时针方向旋转。若把电源极性改过来，如图 6—34b 所示，则主磁通 φ 及电枢电流 I_a 的方向同时改变，若按照左手定则，转子的转向仍然不变。因此，串励电动机接入单相交流电源时，如图 6—34c 所示，虽然电源极性周期性地变化，但转子始终按照恒定的方向旋转，所以串励电动机可以交、直流两用。

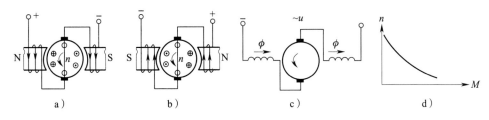

图 6—34　单相串励电动机工作原理及机械特性

2. 机械特性

单相串励电动机的机械特性，无论是采用交流电源还是采用直流电源，都与一般串励直流电动机的机械特性相似，即具有很大的启动转矩和软的机械特性，如图 6—34d 所示。当负载增加时，电枢电流增加，就大大地增加了电动机的电磁转矩；另一方面，由于负载反力矩的增加，使得电动机的转速下降。这种机械特性恰好适合于单相电钻等电动工具的要求。如钻直径较大的孔时，负载较大，要求转矩大些、转速低些；当钻直径较小的孔时，负载较小，要求转矩小些、转速高些。由于单相串励电动机的空载转速非常高，一般可达 20 000 r/min，因此，使用这种电动机带动的电动工具，在检修完毕后，一般不可拆下减速器进行试车，以防止引起飞车事故而损坏电动机。

第 6 节

直流电动机

一、直流电动机的分类

直流电动机可按结构、用途、容量大小等方法进行分类，但按励磁方式分类则更有意义。因为不同励磁方式的直流电动机的特性有明显的区别，便于了解其特点。

励磁绕组的供电方式称为励磁方式。按照励磁方式，直流电动机分为他励和自励两大类。其中，自励分为并励、串励、复励三类。

（1）他励式。他励式直流电动机的励磁绕组由其他电源供电，励磁绕组与电枢绕组不连接，其接线如图 6—35a 所示。永磁式直流电动机也归属这一类，因为永磁式直流电动机的主磁场由永久磁铁建立，与电枢电流无关。

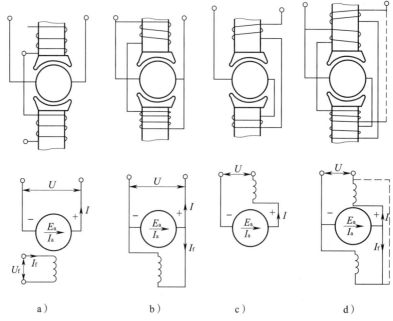

a)   b)   c)   d)

图 6—35 直流电动机按励磁方式分类
a）他励式   b）并励式   c）串励式   d）复励式

（2）并励式。励磁绕组与电枢绕组并联的就是并励式。并励直流电动机的接线如图6—35b所示。这种接法的直流电动机的励磁电流与电枢两端的电压有关。

（3）串励式。励磁绕组与电枢绕组串联的就是串励式。串励直流电动机的接线如图6—35c所示，因此 $I_a = I = I_f$。

（4）复励式。复励式直流电动机既有并励绕组又有串励绕组，两种励磁绕组套在同一主极铁芯上。这时，并励和串励两种绕组的磁动势可以相加，也可以相减，前者称为积复励，后者称为差复励。复励直流电动机的接线如图6—35d所示。图中并励绕组接到电枢的方法可按实线接法或虚线接法，前者称为短复励，后者称为长复励。事实上，长、短复励直流电动机在运行性能上没有多大差别，只是串励绕组的电流大小稍微有些不同而已。

二、直流电动机的基本结构

直流电动机主要由定子、电枢、电刷装置、机械支承、通风和防护装置等部分组成。直流电动机的定子主要由主磁极、换向极、机座组成，大型直流电动机还有补偿绕组。直流电动机的电枢（又称转子）主要由电枢铁芯、电枢绕组、换向器、转轴等组成。直流电动机的电刷装置包括电刷、刷握、刷杆、刷杆座等。机械支承部分主要包括轴承、端盖等。通风和防护装置包括风扇或风机、冷却器、过滤器、防护罩、挡风板等。直流电动机结构如图6—36所示。

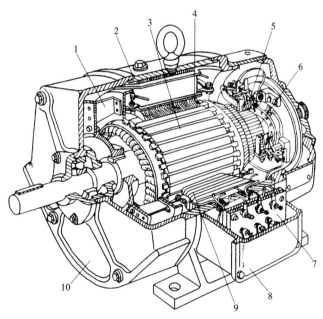

图6—36　直流电动机结构

1—风扇　2—机座　3—电枢　4—主磁极　5—刷架　6—换向器
7—接线板　8—出线盒　9—换向极　10—端盖

三、直流电动机的型号

直流电动机的型号包括系列代号、机座号、铁芯长度代号等内容，常用中小型直流电动机的型号如下：

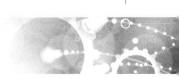

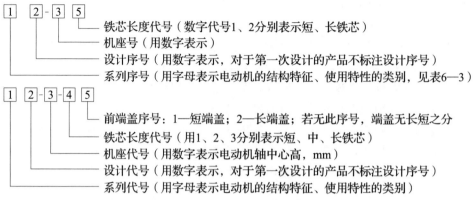

铁芯长度代号（数字代号1、2分别表示短、长铁芯）
机座号（用数字表示）
设计序号（用数字表示，对于第一次设计的产品不标注设计序号）
系列序号（用字母表示电动机的结构特征、使用特性的类别，见表6—3）

前端盖序号：1—短端盖；2—长端盖；若无此序号，端盖无长短之分
铁芯长度代号（用1、2、3分别表示短、中、长铁芯）
机座代号（用数字表示电动机轴中心高，mm）
设计代号（用数字表示，对于第一次设计的产品不标注设计序号）
系列代号（用字母表示电动机的结构特征、使用特性的类别）

直流电动机的型号示例：

Z2—21——直流电动机，第二次系列设计，2号机座，长铁芯。

Z4—180—31——直流电动机，第四次系列设计，轴中心高为180 mm，长铁芯，短端盖。

四、直流电动机的产品名称、代号

Z4系列直流电动机产品名称、新老产品代号见表6—3。

表6—3　　　　　　　　Z4系列直流电动机产品名称、新老产品代号

产品名称	新产品代号	新代号意义	老产品代号
直流电动机	Z	直	Z、ZD、ZJD
高速（快速）直流电动机	ZK	直快	ZKD、ZDG
宽调速直流电动机	ZT	直调	ZT
直流牵引电动机	ZQ	直牵	ZQ
船用直流电动机	ZH	直船	Z_2C、ZH
精密机床用直流电动机	ZJ	直精	ZJD
龙门刨床用直流电动机	ZU	直刨	ZBD
空气压缩机用直流电动机	ZKY	直空压	ZKY
轧机主传动直流电动机	ZZ	直轧	
轧机辅传动直流电动机	ZZF	直轧辅	
挖掘机用直流电动机	ZWJ	直挖掘	ZDJ、ZZC
冶金起重直流电动机	ZZJ	直重金	ZZ、ZZK
增安型直流电动机	ZA	直安	Z

五、直流电动机的选择

直流电动机以其良好的启动性能和调速性能著称。但是它与交流电动机相比，结构较复杂，成本较高，维护不便，可靠性稍差，尤其是换向问题，使得它的发展和应用受到限制。近年来，由于电力电子技术的迅速发展，与电力电子装置结合而具有直流电动机性能的电动机不断涌现。但是，交流调速技术替代直流调速还需要经历一个较长的过程。因此，在比较复杂的拖动系统中，仍有很多场合要使用直流电动机。目前，直流电动机仍然广泛应用于冶金、

矿山、交通、运输、纺织印染、造纸印刷、制糖、化工、机床等工业中需要调速的设备上。

各种励磁方式的直流电动机的性能特点及典型应用见表 6—4，供选择时参考。

表 6—4　　　　　　　**各种励磁方式的直流电动机的性能特点及典型应用**

产品名称	启动转矩倍数	力能指标	转速特点	其他	典型应用
并（他）励直流电动机	较大	高	易调速，转速变化率为 5%～15%	机械特性硬	用于驱动在不同负载下要求转速变化不大的调速的机械，如泵、风机、小型机床、印刷机械等
复励直流电动机	较大，与串励程度有关，常可达额定转矩的 4 倍	高	易调速，转速变化率与串励程度有关，可达 25%～30%	短时过载转矩大，约为额定转矩的 3.5 倍	用于驱动要求启动转矩较大而转速变化不大或冲击性的机械，如压缩机、冶金辅助传动机械等
串励直流电动机	很大，常可达额定转矩的 5 倍以上	高	转速变化率很大，空载转速高，调速范围宽	不许空载运行	用于驱动要求启动转矩很大，经常启动，转速允许有很大变化的机械，如蓄电池供电车、电车、起重机等
永磁直流电动机	较大	高	可调速	机械特性硬	铝镍钴永磁直流电动机主要用于工业仪器仪表、医疗设备、军用器械等精密小功率直流驱动。铁氧体永磁直流电动机广泛用于家用电器、汽车电器、医疗器械、工农业生产的小型机械驱动
无刷直流电动机	较大	高	调速范围宽	无火花，噪声小，抗干扰性强	用于要求低噪声、无火花的场合，如宇航设备、低噪声摄影机、精密仪器仪表等

六、直流电动机的使用与维护

1. 直流电动机使用前的准备及检查

（1）清扫电动机内部及换向器表面的灰尘、电刷粉末及污物等。

（2）检查电动机的绝缘电阻，对于额定电压为 500 V 以下的电动机，若绝缘电阻低于 0.5 MΩ，需进行烘干后方能使用。

（3）检查换向器表面是否光洁，如发现有机械损伤、火花灼痕或换向片间云母凸出等，应对换向器进行保养。

（4）检查电刷边缘是否碎裂、刷辫是否完整，有无断裂或断股情况，电刷是否磨损到最短长度。

（5）检查电刷在刷握内有无卡涩或摆动情况，弹簧压力是否合适，各电刷的压力是否均匀。

（6）检查各部件的螺钉是否紧固。

（7）检查各操作机构是否灵活，位置是否正确。

2. 改变直流电动机转向的方法

直流电动机旋转方向由其电枢导体受力方向来决定，如图 6—37 所示。根据左手定则，当电枢电流的方向或磁场的方向（即励磁电流的方向）两者之一反向时，电枢导体受力方向

即改变，电动机旋转方向随之改变。但是，当电枢电流和磁场两者方向同时改变时，则电动机的旋转方向不变。

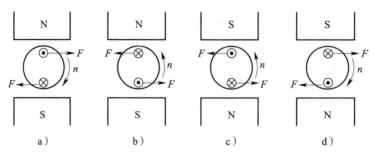

图6—37　直流电动机的受力方向和转向

在实际工作中，常用改变电枢电流的方向来使电动机反转。这是因为励磁绕组的匝数多，电感较大，换接励磁绕组端头时火花较大，而且电动机可能发生"飞车"事故。

3. 直流电动机运行中的维护

（1）注意电动机声音是否正常，定子、转子之间是否有摩擦。检查轴承或轴瓦有无异声。

（2）经常测量电动机的电流和电压，注意不要过载。

（3）检查各部分的温度是否正常，并注意检查主电路的连接点、换向器、电刷刷辫、刷握及绝缘体有无过热变色和绝缘枯焦等。

（4）检查换向器表面的氧化膜颜色是否正常，电刷与换向器间有无火花，换向器表面有无碳粉和油垢积聚，刷架和刷握上是否有积灰。

（5）检查各部分的振动情况，及时发现异常现象，消除设备隐患。

（6）检查电动机通风散热情况是否正常，通风道有无堵塞不畅情况。

4. 直流电动机火花等级的鉴别

直流电动机运行时往往在电刷下发生火花，虽然电刷下的小部分发生微弱火花对电动机运行并无危害，但如果火花范围扩大和程度强烈，则将烧灼换向器和电刷，使其表面粗糙和留有灼痕，而不光滑的换向器表面与粗糙的电刷接触，又使火花程度加强，如此循环积累下去，将使电动机不能继续运行。所以，实际运行时，电刷下面的火花不应超过一定的等级。我国国家标准将火花分为五个等级，见表6—5。

表6—5　　　　　　　　　　换向器电刷下的火花等级及判断标志

火花等级	电刷下的火花程度	换向器及电刷的状态	允许运行方式
1	无火花	换向器上没有黑痕及电刷上没有灼痕	长期连续运行
$1\frac{1}{4}$	电刷边缘仅小部分有微弱的点状火花，或者非放电性的红色小火花		
$1\frac{1}{2}$	电刷边缘大部分或全部有微弱的火花	换向器上有黑痕出现，但不发展，用汽油擦其表面即能除去，同时在电刷上有轻微灼痕	
2	电刷边缘全部或大部分有较强烈的火花	换向器上有黑痕出现，用汽油不能擦除，同时电刷上有灼痕，如短时出现这一级火花，换向器上不出现灼痕，电刷不被烧焦或损坏	仅在短时过载或短时冲击负载时允许出现

续表

火花等级	电刷下的火花程度	换向器及电刷的状态	允许运行方式
3	电刷的整个边缘有强烈的火花，同时有大火花飞出	换向器上黑痕相当严重，用汽油不能擦除，同时电刷上有灼痕。如在这一火花等级下短时运行，则换向器上将出现灼痕，同时电刷将被烧焦或损坏	仅在直接启动或逆转的瞬间允许存在，但不得损坏换向器及电刷

电动机的火花目前尚无仪器精确鉴别等级，一般凭经验观察，根据鉴别的等级，确定电动机能否继续工作。

七、直流电动机的常见故障及其排除方法

直流电动机的常见故障及其排除方法见表 6—6。

表 6—6　　　　　　　　　　　　直流电动机的常见故障及其排除方法

常见故障	可能原因	排除方法
电动机不能启动	(1) 因电路发生故障，使电动机未通电	(1) 检查电源电压是否正常，开关触点是否完好，熔断器是否良好，查出故障，予以排除
	(2) 电枢绕组断路	(2) 查出断路点，并修复
	(3) 励磁回路断路或接错	(3) 检查励磁绕组和磁场变阻器有无断点，回路直流电阻值是否正常，各磁极的极性是否正确
	(4) 电刷与换向器接触不良或换向器表面不清洁	(4) 清理换向器表面，修磨电刷，调整电刷弹簧压力
	(5) 换向极或串励绕组接反，使电动机在负载下不能启动，空载下启动后工作也不稳定	(5) 检查换向极和串励绕组极性，对错接者予以调换
	(6) 启动器故障	(6) 检查启动器是否接线有错误或装配不良，启动器接点是否被烧坏，电阻丝是否烧断，应重新接线或整修
	(7) 电动机过载	(7) 检查负载机械是否被卡住，使负载转矩大于电动机堵转转矩，检查负载是否过重，针对原因予以消除
	(8) 启动电流太小	(8) 检查启动电阻是否太大，应更换合适的启动器，或改接启动器内部接线
	(9) 直流电源容量太小	(9) 启动时如果电路电压明显下降，应更换直流电源
	(10) 电刷不在中性线上	(10) 调整电刷位置，使之接近中性线
电动机转速过高	(1) 电源电压过高	(1) 调节电源电压
	(2) 励磁电流太小	(2) 检查磁场调节电阻是否过大，该电阻接点是否接触不良，检查励磁绕组有无匝间短路，使励磁电动势减小
	(3) 励磁绕组断线，使励磁电流为零，电动机飞速	(3) 查出断线处，予以修复
	(4) 串励电动机空载或轻载	(4) 避免空载或轻载运行
	(5) 电枢绕组短路	(5) 查出短路点，予以修复
	(6) 复励电动机串励绕组极性接错	(6) 查出接错处，重新连接

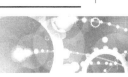

续表

常见故障	可能原因	排除方法
励磁绕组过热	（1）励磁绕组匝间短路 （2）电动机气隙太大，导致励磁电流过大 （3）电动机长期过压运行	（1）测量每一磁极的绕组电阻，判断有无匝间短路 （2）拆开电动机，调整气隙 （3）恢复正常额定电压运行
电枢绕组过热	（1）电枢绕组严重受潮 （2）电枢绕组或换向片间短路 （3）电枢绕组中，部分绕组元件的引线接反 （4）定子、转子铁芯相擦 （5）电动机的气隙相差过大，造成绕组电流不均衡 （6）电枢绕组中均压线接错 （7）电动机长期过载 （8）电动机频繁启动或改变转向	（1）进行烘干，恢复绝缘 （2）查出短路点，予以修复或重绕 （3）查出绕组元件引线接反处，调整接线 （4）检查定子磁极螺栓是否松脱，轴承是否松动、磨损，气隙是否均匀，予以修复或更换 （5）应调整气隙，使气隙均匀 （6）查出接错处，重新连接 （7）恢复额定负载下运行 （8）应避免启动和改变转向过于频繁
电刷与换向器之间火花过大	（1）电刷磨得过短，弹簧压力不足 （2）电刷与换向器接触不良 （3）换向器云母凸出 （4）电刷牌号不符合条件 （5）刷握松动 （6）刷杆装置不等分 （7）刷握与换向器表面之间的距离过大 （8）电刷与刷握配合不当 （9）刷杆偏斜 （10）换向器表面粗糙、不圆 （11）换向器表面有电刷粉、油污等 （12）换向片间绝缘损坏或片间嵌入金属颗粒造成短路 （13）电刷偏离中性线过多 （14）换向极绕组接反 （15）换向极绕组短路 （16）电枢绕组断路 （17）电枢绕组和换向片脱焊 （18）电枢绕组和换向片短路 （19）电枢绕组中，有部分绕组元件接反 （20）电动机过载 （21）电压过高	（1）更换电刷，调整弹簧压力 （2）研磨电刷与换向器表面，研磨后轻载运行一段时间进行磨合 （3）修整云母片 （4）更换电刷 （5）紧固刷握螺栓，并使刷握与换向器表面平行 （6）可根据换向片的数目，重新调整刷杆间的距离 （7）一般调到2～3 mm （8）不能过松或过紧，要保证在热态时，电刷在刷握中能自由滑动 （9）调整刷杆与换向器的平行度 （10）研磨或车削换向器外圆 （11）清洁换向器表面 （12）查出短路点，消除短路故障 （13）调整电刷位置，减小火花 （14）检查换向极极性，在发电机中，换向极的极性应为沿电枢旋转方向，与下一个主磁极的极性相同，而在电动机中，则与之相反 （15）查出短路点，恢复绝缘 （16）查出断路元件，予以修复 （17）查出脱焊处，并重新焊接 （18）查出短路点，并予以消除 （19）查出接错的绕组元件，并重新连接 （20）恢复正常负载 （21）调整电源电压为额定值

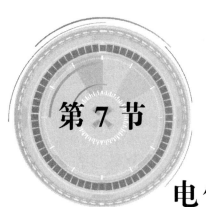

第 7 节

电气基本控制电路

一、点动控制

如图 6—38 所示，点动控制电路是在需要动作时按下控制按钮 SB，SB 的动合触点接通，接触器 KM 线圈得电，主触点闭合，设备开始工作，松开按钮后触点断开，接触器端断电，主触点断开，设备停止。此种控制方法多用于起吊设备的"上""下""前""后""左""右"及机床的"步进""步退"等控制。

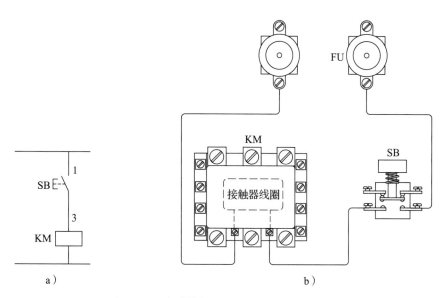

图 6—38　点动控制电路原理图和接线示意图
a）点动控制电路原理图　b）点动控制电路接线示意图

二、自锁电路

自锁电路（也称为自保电路），是当按钮松开以后，按钮的触点断开，接触器还能得电

保持吸合的电路，是利用接触器本身附带的辅助动合触点来实现自锁的。如图 6—39 所示，当接触器吸合的时候，辅助动合触点随之接通，当松开控制按钮 SB 触点断开后，电源还可以通过接触器辅助触点继续向线圈供电，保持线圈吸合，这就是自锁功能。"自锁"又称"自保持"，俗称"自保"。

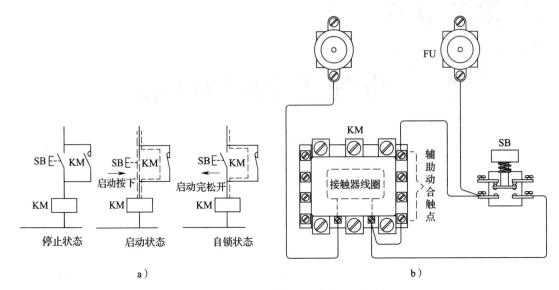

图 6—39　自锁电路原理图和接线示意图
a）自锁电路原理图　b）自锁电路接线示意图

三、按钮互锁电路

按钮互锁是将两个不同时运行的启动按钮的动断触点相互联锁的接线电路，如图 6—40 所示，当启动 KM₂，按下控制按钮 SB₁ 时，SB₁ 的动断触点首先断开 KM_1 的线路，动合触点后闭合才接通 KM_2 线路，从而达到接通一个电路，而断开另一个电路的控制目的，有效地防止操作人员的误操作。

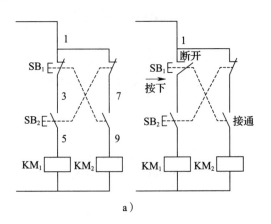

a）

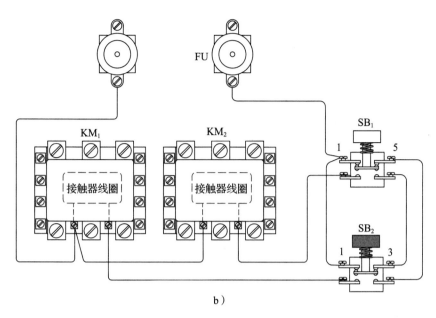

图 6—40　按钮互锁电路原理图和接线图

a) 按钮互锁电路原理图　b) 按钮互锁电路接线图

四、利用接触器辅助触点的互锁电路

接触器互锁是将两台接触器的辅助动断触点与线圈相互联锁，当接触器 KM_1 在吸合状态时，辅助动断触点随之断开，由于动断触点接于 KM_2 线路，使 KM_2 不能得电，如图 6—41 所示，从而达到只允许一台接触器工作的目的，这种控制方法能有效地防止接触器 KM_1 和 KM_2 同时吸合。

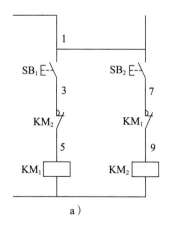

a)

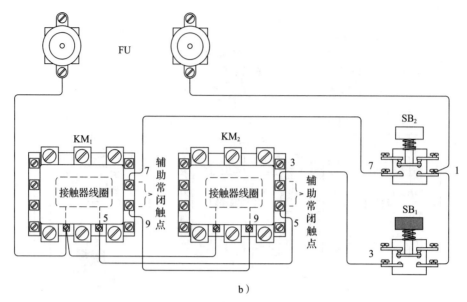

b)

图 6—41　利用接触器辅助触点的互锁电路

a) 接触器辅助触点的互锁电路原理图　b) 接触器辅助触点的互锁电路接线图

五、两地控制电路

一个设备需要有两个或两个以上的地点控制启动、停止时，采用多地点控方法。如图 6—42 所示，按下控制按钮 SB_{12} 或 SB_{22} 任意一个都可以启动，按下控制按钮 SB_{11} 或 SB_{21} 任意一个都可以停止。通过接线可以将这些按钮安装在不同地方，而达到多地点控制要求。

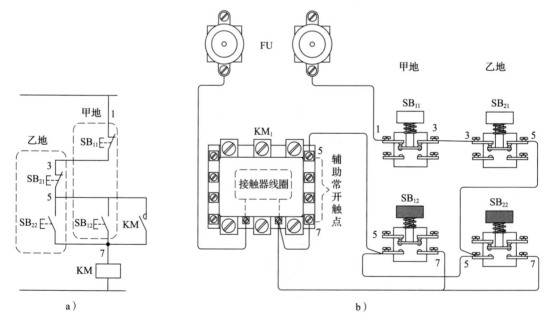

a)　　　　　　　　　　　　　　　　　　　　b)

图 6—42　两地控制电路

a) 两地控制电路原理图　b) 两地控制电路接线示意图

六、多条件控制电路

当对所控制的设备需要特定的操作任务时，设计要求一个操作地点不能完成启动或停止，必须两个以上操作才可以实现的电路称为多信号控制电路，如图6—43所示。启动时必须将控制按钮 SB_2 和 SB_4 同时接通接触器 KM 线圈才能通电。停止时必须将控制按钮 SB_1 和 SB_3 动合触点都断开才能停止。单独操作任何一个按钮都不会使接触器得电动作。SB_3、SB_4 也可以利用其他电气元件的触点。

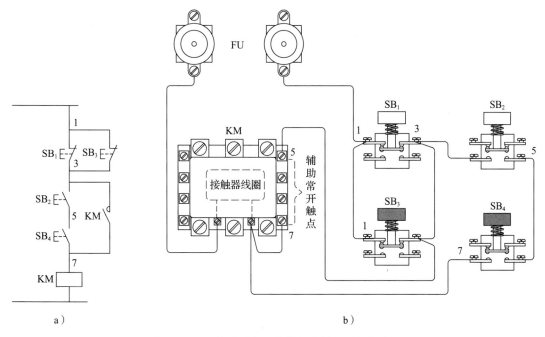

图6—43 双信号"与"控制电路原理图与接线图
a) 双信号"与"控制电路原理图 b) 双信号"与"控制电路接线示意图

七、顺序启动控制电路

顺序启动控制电路是按照确定的操作顺序，在一个设备启动之后另一个设备才能启动的一种控制方法。如图6—44所示，接触器 KM_2 要先启动是不行的，因为 SB_1 动合触点和接触器 KM_1 的辅助动合触点是断开状态，只有当 KM_1 吸合实现自保之后，SB_4 按钮才起作用使 KM_2 通电吸合，这种控制多用于大型空调设备的控制电路。

八、利用行程开关控制的自动循环电路

利用行程开关控制的自动循环电路，是工业上常用的一种电路，如图6—45所示，当接触器 KM_1 吸合电动机正转运行，机械运行到限位开关 SQ_1 时，SQ_1 的动断触点断开 KM_1 线圈回路，动合触点接通 KM_2 线圈回路，KM_2 接触器吸合动作，电动机反转；到达限位开关 SQ_2 时，SQ_2 动作，动断触点断开 KM_2，动合触点接通 KM_1，电动机又正转，重复上述的动作。

第 ❻ 章 电动机与电气基本控制电路

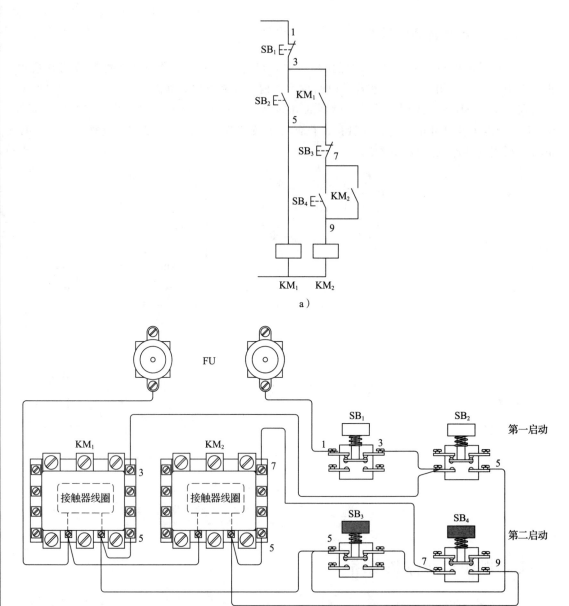

图 6—44 顺序启动控制电路原理图和接线图

a）顺序启动控制电路原理图 b）顺序启动控制电路接线图

九、按时间控制的自动循环电路

如图 6—46 所示是利用时间继电器控制的循环电路。当接通 SA 后，KM 和 KT_1 同时得电吸合，KT_1 开始延时，达到整定值后 KT_1 的延时闭合触点接通，KA 和 KT_2 得电吸合，KA 辅助动合触点闭合（实现自保），此时，KT_2 开始延时，同时 KA 的动断触点断开了 KM 和 KT_1，电动机停止。当 KT_2 达到整定值后，KT_2 的延时断开触点断开，KA 失电，其动合触点断开，动断触点闭合，KM 和 KT 又得电，电动机运行，进入循环过程。

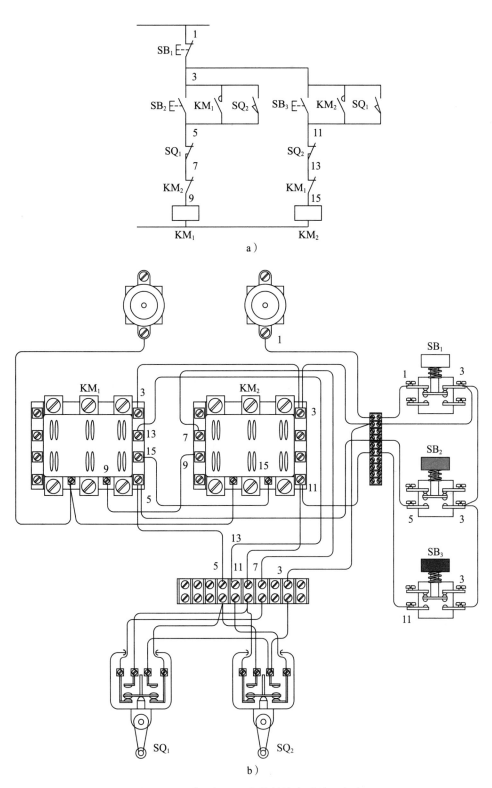

图 6—45 利用行程开关控制的自动循环电路

a) 行程开关控制的自动循环电路原理图　b) 行程开关控制的自动循环电路接线图

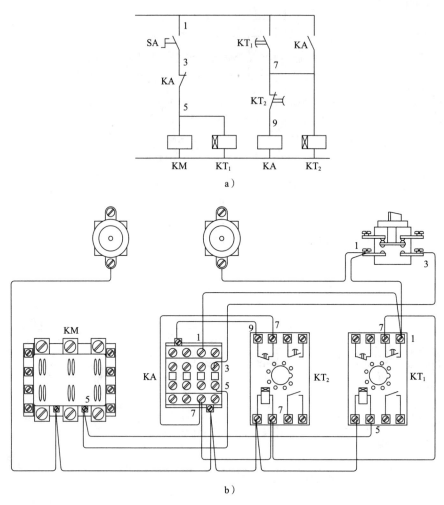

图 6—46　按时间控制的自动循环电路
a）按时间控制的自动循环电路原理图　　b）按时间控制的自动循环电路接线图

十、终止运行的保护电路

终止运行控制电路是利用各种辅助继电器的动断触点，串联在停止按钮电路中，如图 6—47 所示，当运行设备达到运行极限时，辅助继电器动作，触点断开，接触器 KM 断电，使设备停止运行。

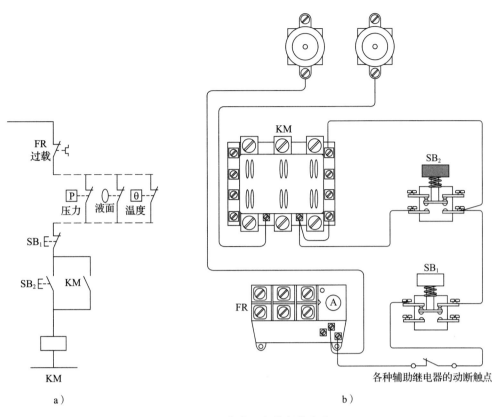

图 6—47　终止运行的保护电路

a）终止运行的保护电路原理图　b）终止运行的保护电路接线图

第 **7** 章

变压器基础知识

变压器是用来升高或降低交流电压又能够保持其频率不变的静止的电气设备。

在现实生产、生活中，需要高低不同的多种电压；电力系统为减少输电过程中的电能损失，必须用升压变压器将输电电压升高。输电电压越高，输送距离越远，输送功率越大。当电能输送到用电地区，又需要用降压变压器将输电线路上的高电压降低到配电系统的电压，然后再经过配电变压器将电压降低到用电器的电压以供使用。

工厂中常用的三相异步电动机的额定电压为 380 V 或 220 V，一些大型电力负荷则为 3 000 V 或 6 000 V，照明电路电压是 220 V，而机床照明、临时照明的电压一般为 36 V、24 V、12 V。在电子电路中更是需要多种电压供电。这样多等级不同的电压不可能使用那么多不同电压级别的发电机供电，这就需要各种不同电压、不同规格、不同型号的变压器。

第 1 节

变压器的工作原理

变压器的工作原理是建立在电磁感应原理上的。

变压器空载运行时的情况如图 7—1 所示。在一次绕组 N_1 两端接入交流电压 U_1，绕组中便流过交流电流 I_0，铁芯中便会产生交变磁通 Φ。设此磁通全部通过铁芯（即忽略漏磁通），则在一次绕组 N_1 和二次绕组 N_2 中分别产生感应电动势 E_1、E_2。若铁芯中的磁通按正弦规律变化，则一次、二次绕组中感应电动势的有效值分别为：

$$E_1 = 4.44 f_1 N_1 \Phi_m$$
$$E_2 = 4.44 f_2 N_2 \Phi_m$$

式中，Φ_m 为铁芯中磁通最大值；N_1、N_2 分别为一次、二次绕组匝数。

一次、二次绕组感应电动势的比值为：

$$\frac{E_1}{E_2} = \frac{N_1}{N_2}$$

变压器的空载损耗很小，若忽略空载损耗，则：

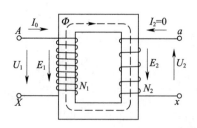

图 7—1 单相变压器空载运行原理

$$U_1 \approx E_1$$
$$U_2 \approx E_2$$

所以

$$\frac{U_1}{U_2} = \frac{E_1}{E_2} = \frac{N_1}{N_2}$$

可见，变压器一次、二次绕组中电压的比值等于一次、二次绕组的匝数比。一次绕组输入电压与二次绕组输出电压的比值称作变压器的变比，用 K 表示。

$$K = \frac{U_1}{U_2}$$

变压器空载时一次绕组中的电流 I_0 称为空载电流，此电流只为额定电流的 5% 左右。空载电流 I_0 在铁芯中建立的磁势称为空载磁势，空载磁势 I_1N_1 产生的磁通 Φ_0 称为空载磁通（即励磁磁通）。

当二次绕组接入负载时，绕组中流过电流 I_2，I_2 建立二次磁势 I_2N_2，并在铁芯中产生磁通 Φ_2，此磁通与一次磁势 I_1N_1 产生的磁通方向相反，因而使得一次磁通减小，一次磁通的减小使一次绕组中的感应电动势 E_1 减小。由于电源电压 U_1 不变，E_1 的减小使一次电流 I_1 增加，一次磁势 I_1N_1 随之增加，其结果是一次电动势 E_1 增加，并与电源电压达到新的平衡。可见负载时，铁芯里的磁势是一次磁势和二次磁势共同作用的结果。负载电流增加，二次磁势 I_2N_2 增加，则一次电流随之增加，一次磁势 I_1N_1 增加，以抵消二次磁势，保持铁芯中的空载磁势：

$$I_1N_1 - I_2N_2 = I_0N_0$$

由于 I_0 很小，则：

$$I_1N_1 = I_2N_2$$

所以：

$$\frac{I_2}{I_1} = \frac{U_1}{U_2}$$

上式说明，变压器负载运行时，一次、二次绕组中的电流与它们的电压成反比。变压器负载运行时的情况如图 7—2 所示。

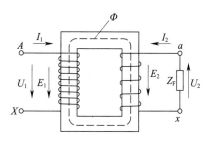

图 7—2　单相变压器的负载运行

第 2 节

变压器的结构

变压器种类繁多，用途不同，因此结构形式多样。但无论何种变压器，其最基本的结构都是由铁芯和绕组组成。

变压器的铁芯和绕组配置有心式和壳式两种基本结构形式。如图 7—3～图 7—6 所示为几种不同结构形式的变压器。

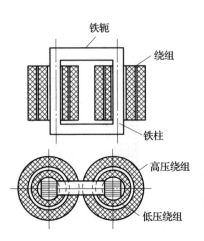

图 7—3 单相心式变压器

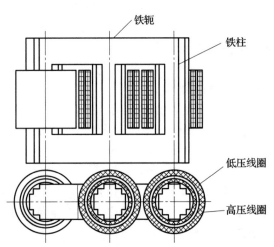

图 7—4 三相心式变压器线圈的安放情况

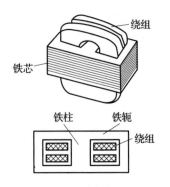

图 7—5 单相壳式变压器

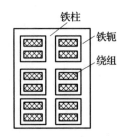

图 7—6 三相壳式变压器

在我国，心式变压器应用较多，壳式变压器多用于小容量单相变压器。

变压器的铁芯由 0.35～0.5 mm 厚的高导磁率的硅钢片叠装而成。硅钢片两面涂有绝缘漆，以减少铁芯的磁滞损耗和涡流损耗。为减小磁路损耗，硅钢片在叠装时片间接缝每叠装一层交叉一次，使接缝错开，如图 7—7 所示。

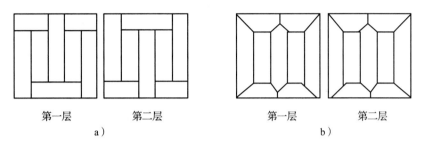

第一层　　　　第二层　　　　　　　　　第一层　　　　第二层
a)　　　　　　　　　　　　　　　　b)

图 7—7　三相心式变压器铁芯的叠积图
a) 直角接缝　b) 45°斜接缝

变压器的绕组是由带有绝缘的圆形或矩形的铜（或铝）导线绕制成一定形状的线圈套在铁芯上的。变压器的线圈有圆筒式、螺旋式、连续式等。圆筒式线圈如图 7—8 所示。

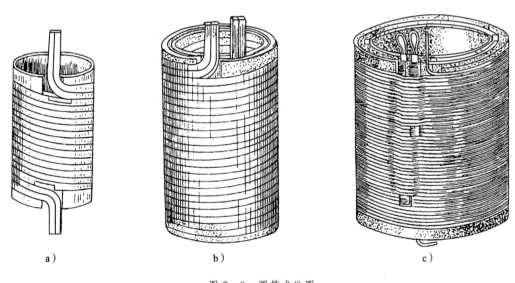

a)　　　　　　　　　　b)　　　　　　　　　　c)

图 7—8　圆筒式线圈
a) 单层圆筒式线圈　b) 双层圆筒式线圈　c) 多层圆筒式线圈

按高、低压绕组之间的排放位置及在铁芯柱上的排放方法，变压器的绕组可分为同心式和交叠式，如图 7—9 所示。

同心式绕组用于心式变压器时，一般低压绕组在内靠近铁芯柱，高压绕组在外面。高、低压绕组之间以及低压绕组与铁芯之间都必须有一定的绝缘间隙，并以绝缘纸筒分隔开。

交叠式绕组的高压线圈和低压线圈按交替次序安放在铁芯柱上。这种绕组高低压之间间隙大、绝缘比较复杂，用于低电压、大电流的变压器，如电焊变压器、电炉变压器等。

电力系统中常用的电力变压器多为油浸式，其外形如图 7—10 所示。

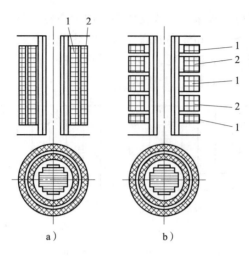

图 7—9　同心式线圈和交叠式线圈

a）同心式线圈　b）交叠式线圈

1—低压线圈　2—高压线圈

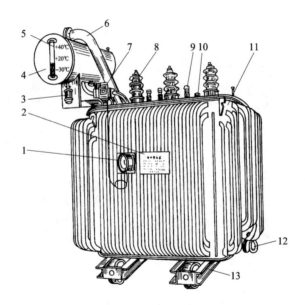

图 7—10　三相油浸电力变压器的外形

1—信号温度计　2—铭牌　3—吸湿器　4—储油柜　5—油表

6—安全气道　7—气体继电器　8—高压套管　9—低压套管

10—分接开关　11—油箱　12—放油阀　13—小车

第 3 节

特殊变压器

一、自耦变压器

前面讲到的变压器的一次绕组与二次绕组是两个独立的绕组，它们之间只有磁的耦合，没有电的联系。而自耦变压器只有一个绕组，用一次绕组（或二次绕组）的一部分作为二次绕组（或一次绕组），两者之间既有磁的耦合，又有电的联系，如图7—11所示。

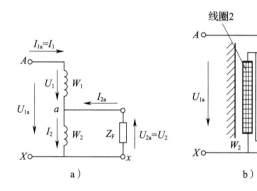

图7—11 自耦变压器的原理图及结构示意图
a）原理图 b）结构示意图

自耦变压器的工作原理与普通两绕组的变压器工作原理相同：当原绕组接入交流电压 U_1 时，即有电流 I_1 流过，并在铁芯中产生磁通。此磁通在一次、二次绕组中分别产生感应电动势，且感应电动势与匝数成正比，因而可得与普通变压器相同的等式：

$$\frac{U_1}{U_2} = \frac{E_1}{E_2} = \frac{N_1}{N_2} = K$$

若忽略空载电流，则：

$$I_1 = -\frac{1}{K}I_2$$

式中，负号表示 I_1 与 I_2 方向相反。

三相自耦变压器通常接成星形，常被用作三相异步电动机的启动设备（见图7—12）。

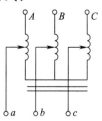

图7—12 三相自耦
变压器

若将二次绕组的匝数通过滑动触头随意改变从而改变二次侧的电压，则这种自耦变压器就成了实验室中经常使用的自耦调压器。

自耦变压器的特点是损耗小，可节省材料，但由于一次、二次绕组之间有电的联系，有可能产生高电压窜入低电压的危险，所以严禁用自耦变压器代替低压照明用的行灯变压器。低压手持式电动工具也严禁使用自耦变压器供电。

二、电焊变压器

电焊是依靠电弧放电的热量来熔化金属。焊接时起弧电压约为 70 V，起弧后要维持电弧燃烧，电弧压降约为 35 V，二次侧短路时（如焊条搭在焊件上）电流不能过大。焊接电流应能在 100～500 A 范围内调节，以适应不同的焊件和焊条。

电焊变压器（也称交流弧焊机）就是能满足上述工艺要求的变压器。

电焊变压器的工作原理与普通变压器的工作原理相同，为了保证焊接时电弧稳定并限制短路电流，焊接回路必须有相当大的电抗，以使电焊变压器具有很陡的外特性（即随着电焊电流的增加，输出电压迅速下降）。如图 7—13 所示是电焊变压器的外特性与普通变压器的外特性曲线。由图可以看出电焊变压器输出端短路，输出电压降为零时，短路电流也不会非常大。

常见的电焊变压器有电抗器式（见图 7—14）和磁分路动铁式（见图 7—15）。前者是通过改变电抗器两铁芯间的气隙大小改变电抗器的电抗，从而调节电焊电流。后者是通过改变动铁柱的位置来调节漏磁，从而使电焊电流得到调节。

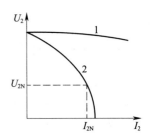

图 7—13 普通变压器与电焊变压器外特性的比较

1—普通变压器的外特性
2—电焊变压器的外特性

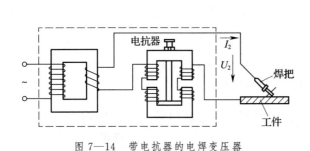

图 7—14 带电抗器的电焊变压器

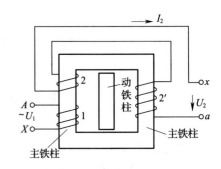

图 7—15 动铁式电焊变压器

三、电流互感器

互感器是电工测量与自动保护装置中使用的特种双绕组变压器。使用互感器可以使仪表测量器回路或继电保护回路与高压电路隔开，保证工作安全，另外还可以扩大仪表量程。

互感器可分为电压互感器和电流互感器，本书仅介绍电流互感器。

电流互感器的工作原理及接线如图 7—16 所示。电流互感器一次绕组的匝数很少（通常仅一、二匝)，并与被测电路串联。二次绕组匝数较多，与仪表或继电器的电流线圈串联。由于仪表或继电器的电流线圈阻抗很小，因此运行中的电流互感器相当于变压器短路运行时的情况，这是电流互感器与变压器的重要区别之一。

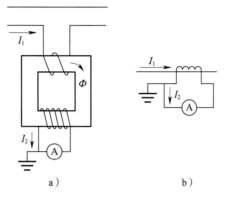

图 7—16　用电流互感器测量电流

a）原理图　b）接线图

电流互感器的一次绕组与被测电路串联，流过一次绕组电流的大小由负载的大小决定，而与串联在二次绕组回路的负载阻抗无关。这是电流互感器区别于变压器的又一个重要特点。

电流互感器运行时，铁芯中的磁通是一次磁势和二次磁势共同作用的结果，忽略励磁电流，依据磁势平衡式 $I_1 N_1 = -I_2 N_2$ 可得

$$K = \frac{I_1}{I_2} = \frac{N_2}{N_1}$$

式中，K 为电流互感器的变比。一次电流等于二次电流乘以变比。可见利用一次、二次绕组匝数不同，可将线路上的大电流变成小电流来测量。

电流互感器的误差可分为变比误差和相角误差，主要由励磁电流、漏抗和二次负载阻抗引起。为减小误差，电流互感器的铁芯磁通密度设计得很低，为 $0.08 \sim 0.1$ T，并且还严格规定二次负载的阻抗值，以保证测量的准确性。

根据电流互感器的误差，其准确度可分为 0.2 级、0.5 级、1.0 级、3.0 级、10.0 级。作为计量应选用 0.5 级，作为继电保护用，可选用 3.0 级或 10.0 级。

电流互感器二次额定电流一般为 5 A，低压电流互感器一次电流为 $5 \sim 25\ 000$ A。

电流互感器可分为干式、油浸式、浇注式，低压电流互感器多为干式的。

正常运行的电流互感器，铁芯中的磁通很少，一次、二次绕组中的感应电动势很低。若互感器二次侧开路、二次磁势为零，铁芯中的磁通剧增，这将在二次绕组中产生很高的感应电动势，会造成绝缘击穿、设备损坏，甚至危及工作人员安全，所以电流互感器二次侧严禁开路。

为保证电流互感器的安全使用，其二次回路的导线应使用 2.5（4.0）mm^2 的独芯绝缘铜导线，二次绕组的一端必须接地（特殊要求除外），闲置不用的二次线圈必须短接并接地。

第 **8** 章

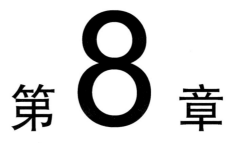

电气安全

电气安全是安全生产的重要组成部分，预防各类电气事故，保障作业者本人和公共财产安全，是电工的职责。本章主要介绍各类常用安全用具使用、安全技术和组织措施，以及电气火灾的防范。

第 1 节

安 全 用 具

一、分类和作用

所谓安全用具，对电工而言，是指在带电作业或停电检修时，用以保证人身安全的用具。

$$
\text{安全用具} \begin{cases} \text{绝缘安全用具} \begin{cases} \text{基本绝缘安全用具} \\ \text{辅助绝缘安全用具} \end{cases} \\ \text{检修安全用具} \\ \text{登高安全用具} \\ \text{一般防护用具} \end{cases}
$$

用具本身的绝缘强度足以抵抗电气设备运行电压的，称为基本绝缘安全用具。可见，在带电作业时必须使用基本绝缘安全用具。对低压带电作业而言，带有绝缘柄的工具、绝缘手套均属于此类。

用具本身的绝缘强度不足以抵抗电气设备运行电压的，称为辅助绝缘安全用具。对低压带电作业而言，绝缘靴、鞋，绝缘台、垫均属于此类。

检修安全用具是在停电检修作业中用以保证人身安全的一类用具。它包括验电器、临时接地线、标示牌、临时遮栏等。

登高安全用具是用于高处作业时防止坠落的用具，如电工安全带。

一般防护用具包括护目镜、帆布手套、安全帽等。护目镜是防止电弧或其他异物伤眼的用具；安全帽用于防碰、砸伤人员头部；帆布手套用于熔化金属及浇灌电缆胶。

为正确使用绝缘安全用具，须注意以下两点：

（1）绝缘安全用具本身必须具备合格的绝缘性能和强度。

（2）绝缘安全用具只能在和其绝缘性能相适应的电压等级的电器设备上使用。

二、低压验电器

验电器是检验电气设备是否确无电压的一种安全用具，可大致分为低压验电器和高压验电器两类。根据验证的电压等级来选用。验电器一般利用电容（电阻）电流经氖气灯泡发光的原理制成，称为发光型验电器。这种验电器在我国沿用多年，常用于低压作业。发光型验电器用于高压作业则观察困难，因为高压验电氖管离人较远，观察其是否发光比较困难，尤其在光线强的室外更是如此。近年来随着电子科技的不断发展，研制出的声光验电器和其他型号的验电器给验电工作带来很大方便而颇受欢迎。下面主要介绍低压验电器。

低压验电器又称低压试电笔，是低压电工作业人员判断被检修的设备或线路是否带电的重要测试用具。

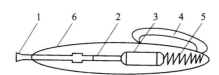

图 8—1　钢笔式低压验电笔
1—工作触头　2—电阻　3—氖泡　4—金属笔卡
5—弹簧　6—塑料笔杆（护套）

如图 8—1 所示是钢笔式低压验电笔，它由工作触头、电阻、氖泡、弹簧等部件组成。验电时，手握笔帽端金属挂钩，笔尖金属探头接触被测设备。可根据氖泡的发光程度来判断有无电压和电压的高低。

低压验电器除用来检查、判断低压电气设备或线路是否带电外，还有下列用途。

1. 区分火线（相线）或地线（中性线或零线）

对于三相四线制系统而言，氖泡发亮的是火线（相线），不亮的则是地线（中性线）。但当有一相发生对地故障时，由于三相电流不平衡，则零线上可能出现电压，当用验电器检测时可见氖泡发亮，据此可以判断出系统出现了故障或三相四线制的负荷配置有严重的不平衡现象。当设备内部发生匝间短路时，由于短路时三相电流不平衡，用验电器测量零线时也可以发现中性线有电压。

2. 区分交流电和直流电

当交流电通过氖泡时，氖泡的两极都会发亮；而当直流电通过时，由于电流只是单方向流动，则只有一个电极发亮。如将验电器的两端分别接到正、负两极之间，发亮的一端是负极，另一端是正极。

3. 判断电压的高低

如氖泡发出暗红色、轻微亮光，则电压低；如氖泡发出黄红色或很亮光，则电压高。

近年来还出现了液晶数字显示的低压验电器和感应式不接触型的验电器。读者可以按说明正确使用。

特别提出注意的是：低压验电器在使用前应在已知带电的线路或设备上校验，检验其是否完好。防止因氖泡损坏而造成误判断，引起触电事故。

三、绝缘手套

绝缘手套使用特制的橡胶制成，要求柔软、绝缘强度高，而且耐磨。由于橡胶的接缝处绝缘低，应特别注意绝缘手套接缝处的质量。戴绝缘手套可以防止接触电压和感应电压的伤

害，使用绝缘手套还可以直接在低压电气设备上进行带电作业，它是一种低压基本绝缘安全用具。绝缘手套应有足够的长度，一般为 30～40 cm，至少应超过手腕 10 cm。

绝缘手套每次使用前必须进行认真的检查，除应在有效期之内，还要看表面是否清洁、干燥，是否有磨损、划伤或有孔洞。方法是将绝缘手套的伸入口用力卷起，使内部空气不能泄漏，在压卷到一定程度时内部压力增大，手指部位即鼓起，即可察看是否有漏气现象。如有漏气则说明手套已有孔眼或破损，则不能继续使用。对使用中的绝缘手套应定期做耐压试验，每半年试验一次。试验标准为：出厂标准交流 5 000 V，持续 1 min，泄漏电流不超过 5 mA；使用中试验标准交流 2 500 V，持续 1 min，泄漏电流不超过 2.5 mA。

各种安全用具的试验周期及标准见表 8—1。

表 8—1　　　　　　　　　　　　安全用具试验周期及标准

名称	电压/kV	试验标准			试验周期/年
		耐压试验 电压/kV	耐压试验 持续时间/min	泄漏电流/mA	
绝缘杆	6～10	44	5	—	1
绝缘挡板	10	30	5	—	1
绝缘手套	高压	8	1	≤9	0.5
	低压	2.5		≤2.5	
绝缘靴	高压	15	1	≤7.5	0.5
绝缘夹钳	35 及以下	3 倍线电压	1	—	1
高压验电器	6～10	40	5	—	0.5

登高作业安全用具试验标准

名称	安全腰带		登高板	脚扣	梯子
	大带	小带			
试验静拉力/N	225×9.8	150×9.8	225×9.8	150×9.8	荷重 180×9.8

四、带绝缘柄的工具

电气作业人员常用的各种工具中，凡带有合格绝缘柄的工具均可作为基本绝缘安全工具，如各种带有绝缘柄的钳子、旋具等常用工具，但应注意保持绝缘手柄完好。不得使用绝缘破损的工具作业。

1. 电工钢丝钳

电工钢丝钳是一种夹捏和剪切工具。它的用处很多，钳口可以用来弯绞或钳夹电线或铁线；刃口可以用来剪切电线。电工钢丝钳的规格很多，常用的有长 150 mm、175 mm 和 200 mm 三种。钳柄上有绝缘管，以保证安全。

使用电工钢丝钳时，要使钳头的刃口朝向自己，同时要检查钳柄的绝缘是否良好可靠，以防在绝缘不良的情况下发生触电事故。另外，一次不能同时剪断两根导线，以防造成短路事故。

注意：不得以钢丝钳代替锤子敲击物件。

2. 旋具

旋具（也称为螺丝刀、改锥）是一种旋紧或旋出螺钉的工具。电工常用的规格有 50 mm、70 mm、100 mm、125 mm 和 150 mm，均为木柄或塑料柄。电工用旋具的金属部分应套上绝缘套管，这样可以保证工作时的安全，防止造成短路事故。电工不可用穿心旋具，因为它的铁杆直通柄顶，使用时很容易造成触电事故。

3. 电工刀

电工刀是一种切削工具，不属于安全用具。它由刀身、刀柄组成，常用来削电线绝缘皮、切割木台缺口、削制木楔，使用时刀口向外，用完后应把刀身折入刀柄。操作时应防止触电，既要防止损伤线芯，又要防止伤害他人和自己。

五、辅助绝缘安全用具

常用的辅助绝缘安全用具有绝缘垫（毯）、绝缘台、绝缘鞋等。

1. 绝缘垫（毯）

绝缘垫是由特别的橡胶制成的，表面有防滑的槽纹，厚度不少于 5 mm，宽度不小于 800 mm，长度由实际需要确定。绝缘垫一般铺设在低压开关柜前，作为固定的辅助安全用具。绝缘垫应保持经常的清洁及干燥，没有油污、灰尘，防止扎破。对于使用中的绝缘垫，每两年进行一次交流耐压和泄漏试验。标准为交流耐压 5 kV，泄漏电流应不大于 5 mA。

2. 绝缘台

绝缘台由特别的木板或木条制成，间距不大于 2.5 cm，高度不小于 10 cm，四角由瓷瓶支承，面积不小于 800 mm×800 mm。为了便于移动、打扫和检查，它的最大尺寸不应超过 1.5 m×1.0 m。绝缘台与绝缘垫的作用相同。

3. 绝缘鞋

绝缘鞋是电工必备的个人安全防护用品，用于防止跨步电压的伤害，与绝缘手套配合可防止接触电压电击的伤害。

六、临时接地线

在停电的线路和设备上作业时，悬挂临时接地线是为防止突然来电所采取的将三相短路并接地的安全技术措施。

携带型接地线一般由以下几个部分组成。

1. 夹头部分

夹头部分大多采用铝合金铸造制成，夹头是携带型接地线与设备导电部分的连接部件，因此对它的要求是与导电部分的连接必须紧密，接触良好，并保证具有足够的接触面积。

2. 绝缘棒（或操作杆）部分

绝缘棒的作用是保持一定的绝缘安全距离和起到操作手柄的作用。绝缘棒（或操作杆）应由绝缘材料制成，其长度一般（在 10 kV 以下）为 0.6~0.8 m。

3. 三相短路接地线部分

此部分是采用截面积不小于 25 mm^2 的透明护套多股软铜线制成。

4. 接地端

接地端是携带型接地线和接地网或大地的连接部件，采用固定夹具和接地网连接，或用钢钎插入地中，不得用缠绕方法和接地网相连。

七、标示牌

标示牌可分为四类：禁止类，如"禁止合闸，有人工作！"和"禁止合闸，线路有人工作！"；警告类，如"止步，高压危险！"和"禁止攀登，高压危险！"；准许类，如"在此工作！"和"由此上下"；提醒类，如"已接地！"。

标准化的标示牌一般为携带型的，其式样及悬挂处所见表8—2。各单位还可根据需要制作一些非标准化的标示牌，非标准化的标示牌的字样和式样可因地制宜制作，可制成携带型的也可做成固定型的，一般对此不做统一规定。

表8—2　　　　　　　　　　　　　　　标示牌有关资料

名称	悬挂位置	式样和要求		
		尺寸/mm×mm	底色	字色
禁止合闸，有人工作！	一经合闸即可送电到施工设备的开关或刀闸操作手柄上	200×100 或 80×50	白底	红字
禁止合闸，线路有人工作！	一经合闸即可送电到施工线路的线路开关和刀闸操作手柄上	200×100 或 80×50	红底	白字
在此工作！	室外或室内工作地点或施工设备上	250×250	绿底，中有φ210 mm 的白圆圈	黑字，写于白圆圈中
止步，高压危险！	工作地点邻近带电设备的遮栏上，室外工作地点的围栏上，工作地点邻近带电设备的横梁上，禁止通行的过道上，高压试验地点，室外架构上	250×200	白底红边	黑字，有红箭头
从此上下！	工作人员上、下的铁架、梯子上	250×250	绿底，中有φ210 mm 的白圆圈	黑字，写于白圆圈中
禁止攀登，高压危险！	工作人员上下铁架邻近工作地点可能上下的另外铁架上，运行中变压器的梯子上	250×200	白底红边	黑字
已接地！	悬挂在已接地线的隔离开关操作手柄上	240×130	绿底	黑字

八、登高用具

登杆前应先检查杆根是否牢固，新立杆的杆基夯实以前，禁止攀登。

登杆前应检查登杆工具，如梯子是否牢靠，安全带、脚扣、安全绳、小绳等是否完好。

高空作业人员（包括地面辅助人员）必须戴合格的安全帽。高空作业时，杆塔上必须系好安全带，并应注意过往行人与车辆安全。

1．使用脚扣的规定

（1）脚扣大小应与电杆的直径相适应。

（2）脚扣上必须有大、小皮带，使用前检查是否完整无损，如有豁裂或糟朽应更换后再用。

（3）使用带有防滑橡胶脚扣登杆时，应检查胶皮层有无脱落、离骨及平滑现象。

（4）脚扣使用前，应检查开口大小是否适宜、有无歪扭，不符合要求者不准使用。

2．使用安全带的规定

（1）使用安全带前，应检查有无腐朽、脆裂、老化、断股等现象，所有钩环应牢固，带上的孔眼无豁裂。

（2）安全带上的钩环应有保险装置，防止自动脱钩。

（3）安全带应系在可靠处，禁止拴在横担、戗板、杆尖以及将要撤换的部件上。

（4）系安全带应将钩环钩好，保险装置上好，然后再探身或后仰，禁止听响探身。在杆上转位时，不应失去安全保护。

3．使用梯子的规定

（1）梯子的长度应与施工场所的高度适应。

（2）梯子使用前应检查是否牢固完好，有无劈裂或损坏。

（3）梯子的荷重应大于登梯者的体重及所载荷物的全部重量。

（4）梯子的竖立与地面的夹角以 60°为宜。在光滑及冰冻地面上应有防滑措施。

（5）梯子上的工作人员不应探身，以防止重心偏移摔伤，同时必须把腿别在梯凳中间，不要站在最上一级上工作。

（6）梯子应有专人看扶。梯子上有人工作时不应移动梯子根，且梯子下方不准过人。

（7）梯子若架在导线上或金属架构上，应有金属钩，金属钩与梯子连接必须牢固。

（8）梯子不应架在箱、桶、平板车等不稳定的物体上。

（9）需要在杆上绑锁梯子时，使用的小绳直径不宜小于 15 mm。

（10）双梯（高凳）下端应设有限制开度的拉链。高度超过 4 m 时，下部应有人看扶，上边工作人员应系好安全带。

（11）使用金属材料的梯子进行低压带电作业时应采取绝缘措施。

九、其他安全用具

其他安全用具的种类很多，和电气工作关系较密切的有围栏、护目镜等，对于那些并非以保障电气安全工作为主的安全用具就不一一在此介绍了。

1．围栏(遮栏)

围栏分为木制围栏和围绳两种。围栏的作用是把值班人员和工作人员的活动范围限制在一定的范围内，以防误入带电间隔、误登有电设备、接近带电设备而造成危险等。因此要求在围栏或围绳上必须有"止步，高压危险！""在此工作！"等警告和准许类标志，以提高值班人员、工作人员的警惕性。

2．护目镜

在进行装卸高压熔丝、锯断电缆或打开运行中的电缆盒、浇灌电缆混合剂、蓄电池注入电解液等工作时，均要戴护目镜。

第**8**章 电气安全

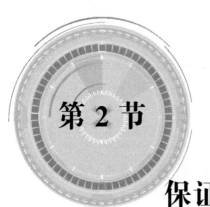

第 2 节

保证安全的技术措施

在全部停电或部分停电的电气设备上工作时，必须完成停电、验电、装设接地线、悬挂标示牌和装设临时遮栏的安全技术措施。

这些措施由值班人员执行，对于无人值班的设备和线路，可由断开电源的人执行并有专人监护。

一、停电

1. 工作时必须停电的设备

（1）检修的设备。

（2）与工作人员在工作中正常活动的最大范围的距离小于表 8—3 规定的带电设备。

（3）在 35 kV 及以下的设备上进行工作，上述距离虽大于表 8—3 规定，但小于表 8—4 的规定，同时又无安全遮栏的带电设备。

（4）带电部分在工作人员后面或两侧无可靠安全措施的设备。

表 8—3　　　　　　　工作人员在工作中正常活动范围与带电设备的安全距离

电压等级/kV	安全距离/m
10 及以下	0.35
35	0.60
110	1.50
220	3.00

表 8—4　　　　　　　人体距带电导体的最小安全距离

电压等级/kV	安全距离/m		
	无遮栏时	有遮栏时	人体对绝缘挡板的距离
1 以下	0.10	—	—
1～10	0.70	0.35	不可接触
20～35	1.00	0.60	不可接触
110	1.50	1.50	—
220	3.00	3.00	—

2. 设备停电必须把各方面的电源断开,且各方面至少有一个明显断开点(如隔离开关等),抽出式配电装置应处于检修位置。为了防止有反送电源的可能,应将与停电设备有关的变压器和电压互感器从高低压两侧断开。对于柱上变压器应将高压熔断器的熔丝管取下。

3. 停电操作时,应先停负荷,再拉断路器,最后拉开隔离开关。当断路器两侧均有隔离开关时,在拉开断路器后,先拉负荷侧隔离开关,再拉电源侧隔离开关。严禁带负荷拉隔离开关。

4. 断开隔离开关后,操作手柄必须锁住。根据需要断开断路器及隔离开关的控制回路。气动控制系统和液压控制系统应闭锁。

5. 线路作业应停电的范围

(1)与停电工作的线路连接的所有电源断路设备。

(2)与停电工作的线路交叉的线路,如停电施工的线路,在此线路上方且需松线或挂线时,该线路的断路设备应断开。

(3)断开有可能返回低压电源和同杆非同一电源的断路设备。

(4)断开危及线路停电作业的并行或并架线路的断路设备。

二、验电

检修的电气设备停电后,在装设接地线之前必须用验电器确认无电压。

验电时,必须使用电压等级合适、经试验合格、试验期限有效的验电器。验电前,应先检查验电器,确认其功能良好。验电工作应在施工或检修设备的进出线的各相进行。

高压验电必须戴绝缘手套。500 V 以下设备,使用低压试电笔检验有无电压。

线路验电应逐相进行。联络用的断路设备或隔离开关检修时,应在其两侧验电。同杆架设的多层电力线路进行验电时,先验低压,后验高压;先验下层,后验上层。

表示设备断开的常设信号或标志、表示允许进入间隔的闭锁装置信号,以及接入的电压表指示无电压等无压信号指示,可以作为设备无电的参考,不能作为设备无电的依据。

三、装设接地线

装设接地线时将已停电的设备临时短路接地,用于保护工作人员人身安全。装设接地线可以利用配电装置上的接地刀闸或临时接地线实施。

验电之前,应先准备好接地线,并将其接地端先接到接地网(极)的接头上。当验明设备确已无电后,应立即将检修设备三相接地并短路。

对于可能送电至停电设备的各电源点(包括线路的各支路)或停电设备可能有感应电压的,都要装设接地线。接地线应装设在工作地点视线之内,使工作人员在地线保护范围内。接地线与带电部分的距离应符合安全距离的规定。

检修部分若分成几个在电气上不相连接的部位(如分段母线以隔离开关或断路设备隔开),则各段应分别验电并接地。

变配电所全部停电时,应在各个可能来电侧的部位装设接地线。

检修母线时,应根据母线的长短和有无感应电压等实际情况确定接地线组数。检修10 m 及以下的母线,可以只装设一组接地线。

在室内配电装置上,接地线应装在未涂相色漆的部位。

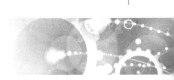

第8章 电气安全

接地线与检修设备之间不应有断路设备或熔断器。

装设接地线必须先接接地端，后接导体端。拆地线的顺序与此相反。装拆接地线均应使用绝缘棒和戴绝缘手套，若使用绝缘棒有困难时应确保挂地线时无突然来电的可能。

接地线必须使用专用的线夹固定在导体上，禁止用缠绕的方法进行接地或短路。

接地线应用透明护套多股软铜线，其截面应根据当地短路电流值确定，并符合短路电流热稳定的要求，最小截面积不应小于 $25\ \text{mm}^2$。接地线每次使用前应进行检查。禁止使用不符合规定的导线作接地线。

变配电所内，每组接地线均应编号，并存放在固定地点。存放位置亦应编号，接地线号码与存放位置号码必须一致。

变配电所内装拆接地线，应做好记录，交接班时，应交代清楚。

高压回路上的工作，需要拆除全部或部分接地线后进行工作时（如测量母线或电缆的绝缘电阻等工作），应得到值班员的许可（根据调度员命令装设的接地线，必须得到调度员的许可）方可进行。工作完毕后应立即恢复。

带有电容的设备，装设接地线之前，应先放电。

线路杆塔无接地引下线时，接地线的接地钎子插入地面深度不应小于 $0.6\ \text{m}$。接地线与接地钎子的连接应用螺栓紧固，若用绑线缠绕时，其缠绕长度不应小于 $100\ \text{mm}$。

线路停电作业，应挂接地线的地点如下：
- 停电线路出线隔离开关的线路侧及联络开关的停电侧。
- 可能将电源返回至停电线路的所有断路设备的停电侧。
- 停电范围内的其他停电线路上。

停电线路与带电线路交叉跨越时，应挂接地线的地点如下：
- 停电线路在带电线路上方交叉，不松动导线时，应在停电线路的交叉档挂接地线一组。
- 停电线路在带电线路上方交叉，松动导线时，应在停电线路的交叉档内两侧，各挂接地线一组。
- 停电线路在带电线路下方交叉，松动导线时，应在停电线路的交叉档挂接地线一组。
- 因停电线路撤换电杆或松动导线而停电的其他线路，也应装设接地线。

装设接地线工作必须由两人进行。

四、悬挂标示牌和装设临时遮栏

在变配电所内的停电工作，一经合闸即可送电到工作地点的断路器或隔离开关的操作手柄上，故均应悬挂"禁止合闸，有人工作！"的标示牌。

在成套装置内装设接地线后，应在已装接地线的隔离开关操作手柄上悬挂"已接地！"的标示牌。

在变配电所外线路上工作，其控制设备在变配电所室内的，则应在控制线路的断路设备或隔离开关的操作手柄上悬挂"禁止合闸，线路有人工作！"的标示牌。

标示牌的悬挂和拆除，应按调度员的命令或工作票的规定执行。

在室内部分停电的高压设备上工作，在工作地点两旁带电间隔固定遮栏上和对面的带电间隔固定遮栏上，以及禁止通行的过道上均应悬挂"止步，高压危险！"的标示牌。

在室外地面高压设备上工作，应在工作地点四周用红绳做好围栏，围栏上悬挂适当数量的"止步，高压危险！"的标示牌。标示牌的字必须朝向围栏里面。

在室外构架上工作，应在工作地点邻近带电部分的横梁上悬挂"止步，高压危险！"的标示牌。在工作人员上下用的铁架或梯子上，应悬挂"从此上下！"的标示牌。在邻近其他可能误登的架构上，应悬挂"禁止攀登，高压危险！"的标示牌。

在工作地点装设接地线以后，应悬挂"在此工作！"的标示牌。

部分停电的工作，对于小于表8—4规定的安全距离以内的未停电设备，应装设临时遮栏。临时遮栏与带电部分的距离，不应小于表8—3规定的数值。临时遮栏上应悬挂"止步，高压危险！"的标示牌。

临时遮栏可用干燥木材、橡胶或其他坚韧绝缘材料制成，并应装设牢固。

严禁工作人员在工作中移动或拆除临时遮栏和标示牌。

小车式开关柜进行检修工作时，小车拉出后，应在小车开关柜内放"止步，高压危险！"的标示牌。

第8章　电气安全

第 3 节

保证安全的组织措施

在全部停电或部分停电的电气设备上工作，必须完成下列组织措施。

（1）工作票制度。

（2）工作查核及交底制度。

（3）工作许可制度。

（4）工作监护制度。

（5）工作间断和转移制度。

（6）工作终结和送电制度。

一、工作票制度

在电气设备上工作，必须按命令进行。其方式有三种：填写工作票；填写小组工作票；口头或电话命令。

工作票就是准许在电气设备上工作的书面命令。通过工作票还可明确安全职责，履行工作许可、工作间断、转移和终结手续。工作票还可作为完成其他安全措施的书面依据。因此，除一些特定的工作外，凡在电气设备上进行工作的，均须填写工作票（票样见相关规程）。

工作票分为第一种工作票和第二种工作票两种。凡是在高压设备上或在其二次回路上工作需要将高压设备停电或装设遮栏的，均应填写第一种工作票。第二种工作票的填写是在进行带电作业，在高压设备外壳和在带电线路杆塔上工作，在运行中的配电变压器台架上的工作和在不停电的二次回路上工作而须将高压设备停电或装设遮栏的。

二、工作查核和交底制度

在填写工作票和操作票时，应根据系统情况和工作内容，认真考虑安全措施。在拟定安全措施时，不能单凭脑子记忆或主观臆想，而必须认真核对系统模拟图板或系统图，认真了解当时系统实际运行方式或接线方式，必要时还应到现场进行察看，核实情况。工作负责人必须熟悉工作票和操作票的内容，并向全体工作人员传达和交底。

三、工作许可制度

在电气设备上进行停电工作，必须事先办理停电申请，并在工作前征得工作许可人的许可，方准开始工作。工作前征得许可是确保停电设备处于检修状态的必不可少的手续，因此必须认真执行。

四、工作监护制度

工作监护制度是保证人身安全及操作正确的主要措施。监护人的安全技术等级应高于操作人。监护人一般由工作负责人担任。

带电作业或在带电设备附近工作时，应设专责监护人。工作人员应服从监护人的指挥。监护人不得离开现场。监护人在执行监护时，不应兼做其他工作。

监护人或专责监护人因故离开现场时，应由工作负责人事先指派了解有关安全措施的人员接替监护，使监护工作不致间断。

1. 监护人所监护的内容

（1）部分停电时，应始终对所有工作人员的活动范围进行监护，使其与带电设备保持安全距离。

（2）带电作业时，应监护所有工作人员的活动范围不应小于与带电部位的安全距离，以及工具使用是否正确、工作位置是否安全、操作方法是否正确等。

（3）监护人发现某些工作人员有不正确的动作时，应及时纠正，必要时令其停止工作。

2. 监护人可监护人数的规定

（1）设备（线路）全部停电时，一个监护人所监护的人数不予限制。

（2）在部分停电设备的周围，不是全部设有可靠的遮栏以防止触电时，则一个监护人所监护的人数不应超过两人。

（3）其他工种（如油漆工、建筑工等）人员进入变配电室内，在部分停电的情况下工作时，一个监护人在室内最多可监护三人。

3. 监护人可参加班组工作的条件

（1）全部停电时。

（2）在变配电所内部分停电时，安全措施可靠，工作人员集中在一个工作地点，工作人员连同监护人不超过三人时。

（3）所有室内外带电部分均有可靠的安全遮栏，足以防止触电的可能时。

当监护人不在现场时，所有工作人员（包括工作负责人）不允许单独留在工作现场。

五、工作间断和转移制度

工作间断和转移制度是对工作间断和转移后是否需要另行履行工作许可手续而做的规定。该制度规定了当天的工作间断，间断后继续工作无须再次征得许可。而对隔日的工作间断、次日复工，则应重新履行工作许可手续。对线路工作来说，如果经调度允许的连续停电线路（夜间不送电），工作地点的接地又不拆除的，次日复工应派人检查地线，但可不重新履行工作许可手续。

在同一电气连接部分用同一张工作票的工作，由值班员在开工前一次做完的，在进行工作转移时可不再办理转移手续，但工作负责人在转移工作地点时，应向工作人员交代带电范围、安全措施、注意事项等。

第 8 章 电气安全

六、工作终结和送电制度

全部工作完毕后，工作人员应清扫整理现场，清点工具，检查临时接地线是否拆除，被检修的断路设备、隔离开关等应做拉合试验，试验后应处于检修前的位置。

工作负责人应在工作范围内做周密检查，正确无误后，召集全体工作人员撤离工作地点，宣布工作终结后，方可办理送电手续。

在变配电所内工作，工作结束后，工作负责人应会同值班员共同对设备进行检查，特别是断路设备、隔离开关的分合位置应与工作票所写相符，各项检查无误后，在工作票上填好终结时间，经双方签字后，方可宣布工作终结。

在办理工作票终结手续前，值班员严禁将检修设备合闸送电。

检修工作中如需部分设备（线路）先恢复送电时，工作票应收回。如对未完成工作需继续进行时，应重新填写工作票。

工作终结，送电前应检查的工作如下：

（1）拆除的接地线组数与挂接组数是否相同，确认接地刀闸是否断开。

（2）所装的临时遮栏、标示牌是否已拆除，永久安全遮栏、标示牌等安全措施是否已恢复。

（3）所有断路设备及隔离开关的分合位置是否与工作票规定的位置相符，设备上有无遗漏工具和材料。

（4）线路工作应检查弓子线的相序及断路设备、隔离开关的分、合位置是否符合检修前的情况，交叉跨越是否符合规定。

（5）送电后，值班员对投入运行的设备应进行全面检查，正常运行后报告工作负责人，工作人员方可离开现场。

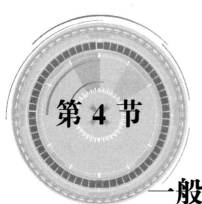

第 4 节

一般电气工作安全措施

电气工作安全措施的一般要求：

（1）装有高、低压配电装置的厂房，室内应保证设备巡视通道、配电装置操作廊和维修廊的通畅。室内不得存放或堆积杂物，应保持整洁。

（2）设备室的门窗应严密，开启方便。

（3）在高、低压配电装置的室内进行作业时，应穿纯棉工作服。长发应戴帽子。进行电气操作及作业时，应穿绝缘靴（鞋）。

一、低压配电装置及低压回路上工作安全措施

（1）在变配电所低压配电柜、配电屏、配电箱的电源干线上的停电工作，应填写第二种工作票。

在停电的低压动力和照明回路上工作可不填写工作票。但在不停电的线路上进行接户线工作时，应填写第二种工作票，并应有人监护。

（2）低压回路停电工作的安全措施

1）将施工设备各方面的电源断开，取下熔断器的熔丝或熔丝具。

2）在断开的断路设备或隔离开关的操作手柄上悬挂"禁止合闸，有人工作"的标示牌。

3）工作前必须验电。

4）更换熔丝后，恢复送电操作时，应戴手套和有色防护眼镜。

5）根据需要采取其他安全措施。

二、低压带电工作安全措施

（1）低压带电作业人员必须经过专门培训，并经考试合格和单位领导批准。

（2）低压带电作业应设专人监护。监护人应由有实际经验的熟练工人担任。

（3）进行低压带电作业应使用带绝缘柄的工具，工作时应站在干燥的绝缘物上，穿低压绝缘鞋、戴绝缘手套和安全帽及防护用具，如需要登高作业应使用由绝缘材料制作的梯子等登高工具。工作时必须穿长袖工作服，工作中应有良好的照明条件，进行低压带电作业时应随身携带试电笔。

（4）高低压同杆架设，在低压带电线路上工作时，应先检查与高压线的距离，并采取措

施防止误碰高压带电设备。在低压带电导线未采取绝缘措施时，工作人员不得穿越导线。应设专人监护，并采取防止导线产生跳动而与带电导线接近至危险范围以内的措施。在带电的低压配电装置上工作时，应采取防止相间短路和单相接地的隔离措施。

（5）低压带电进行断接导线作业时，上杆前应分清相线、中性线、路灯线，并选好工作位置。断开导线时，应先断开相线，后断中性线，并应先做好相位记录。搭接导线时，顺序相反。一根杆上只允许一人断、接导线，并设专人监护。

（6）修换灯口、闸盒和电门时，应采取防止短路、接地及防止人身触电的措施。

（7）带电拆、搭弓子线，应在专人监护下进行，并应戴防护目镜，使用绝缘工具，尽量避开阳光直射。

（8）在雷电、雨、雪、大雾及五级以上大风等天气条件下，一般不应进行室外带电作业。

三、电气测量工作安全措施

在带电的电能表和继电器回路上工作时，电压互感器和电流互感器的二次绕组应可靠接地。断开电流互感器二次回路时，应先将电流互感器二次回路的专用端子短路，不得带负荷拆接电能表的表尾线。

1. 核相工作安全措施

（1）使用核相杆和电压互感器进行核相工作时应填写第二种工作票。工作至少由三人进行，监护人应在场，并不间断地进行监护。

（2）核相杆在使用前应进行检查和擦拭，使用时应先用高压（2 500 V）兆欧表测量核相杆电阻及绝缘电阻。不同电压等级的核相杆禁止换用。

（3）操作人应穿绝缘靴，戴绝缘手套，并应穿长袖工作服，戴防护眼镜。测量时，应由监护人统一指挥，信号要清楚，操作人在操作前应复诵。

（4）进行测量时，所用的仪表对地应有可靠的绝缘支架，其连接线应用线轮缠绕整齐，能缓慢牵引，操作时应注意与周围的安全距离。

（5）核相杆应妥善保管，禁止受潮，使用中禁止平放在地面上。

（6）核相工作在室外进行时，遇有大风、雨、雾天气应停止工作。

（7）在核相地段的周围应用红绳或临时遮栏相隔，防止他人接近或误入。

（8）低压核相工作，至少由两人进行，禁止手持电压表，工作人员应与带电部分保持表8—4规定的安全距离。

2. 使用钳形电流表进行测量工作的规定

（1）使用钳形电流表时，应注意钳形电流表的量程是否符合所测电流的要求。测量低压裸导线时，应特别注意对地距离和线间距离，以防止造成接地和短路。在测量过程中禁止改变量程。

（2）使用钳形电流表时，不得直接测量高压设备，测量人员应戴绝缘手套或穿绝缘鞋，或站在绝缘垫、绝缘台上。钳形电流表把手必须干燥，在测量前应擦干净。测量中不得触及其他设备的任何部分以防发生短路或接地。观测表针时，要特别注意头部与带电部分的安全距离。应有监护人。

3. 使用兆欧表进行测量工作的规定

（1）测量绝缘电阻工作，应根据设备电压等级选用合适的兆欧表。被测的设备应停电。

（2）在高压设备上进行测量工作时，应由两人进行，并应填写第二种工作票。

（3）进行测量前，应保证设备上确无工作人员工作，被测设备的各侧必须断开验明无电压，测量时禁止他人接近被测设备。尤其是测量线路绝缘时，必须事先通知另一端的工作人员。

（4）在同杆并架双回路高压线的任何一回路上进行测量时，为防止感应电压，必须将另一回路同时停电。若单回路与另一带电高压线有平行段，也应将另一回路停电。

（5）雷电时，不应在线路上进行绝缘电阻的测量工作。

（6）在测量电缆线路或电容器以及长距离架空线路绝缘电阻时，测试前后应充分放电。测量完毕，先将兆欧表引线脱离被试设备，再停止兆欧表转动，以防损坏兆欧表。

（7）在带电设备附近摇测绝缘电阻时，兆欧表安放的位置必须适当，摇测人员对带电设备应保持安全距离，并应有人监护。

（8）有接地端子的兆欧表，在工作时应事先接地。所使用的连接导线绝缘应良好。

4. 使用接地电阻测试仪进行测量工作的规定

（1）使用接地电阻测试仪进行测量工作时，应符合有关规定。

（2）摇动接地电阻测试仪时，不应开路。

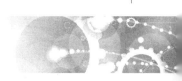

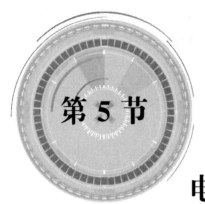

第 5 节

电气火灾的防范

一、造成电气火灾的原因

过载、短路、接触不良、电弧火花、漏电、雷电或静电等都能引起火灾，如图 8—2 所示，从电气防火角度看，电气设备质量不高、安装使用不当、保养不良、雷击和静电是造成电气火灾的几个重要原因。

电线短路

超负荷

接触不良

图 8—2　造成电气火灾的主要原因

1. 电气设备安装使用不当

（1）过载。所谓过载，是指电气设备或导线的功率和电流超过了其额定值。造成过载的原因有以下几个方面。

1）设计、安装时选型不正确，使电气设备的额定容量小于实际负载容量。

2）设备或导线随意装接，增加负荷，造成超载运行。

3）检修、维护不及时，使设备或导线长期处于带病运行状态。

过载使导体中的电能转变成热能，当导体和绝缘物局部过热，达到一定温度时，就会引起火灾。

（2）短路、电弧和火花。短路是电气设备最严重的一种故障状态，产生短路的主要原因如下。

1）电气设备的选用、安装和使用环境不符，致使其绝缘体在高温、潮湿、酸碱环境条件下受到破坏。

2）电气设备使用时间过长，超过使用寿命，绝缘老化发脆。

3）使用维护不当，长期带病运行，扩大了故障范围。

4）过电压使绝缘击穿。

5）错误操作或把电源投向故障线路。

短路时，在短路点或导线连接松弛的接头处，会产生电弧或火花。电弧温度很高，可达6 000℃以上，不但可引燃它本身的绝缘材料，还可将它附近的可燃材料、蒸气和粉尘引燃。

（3）接触不良。接触不良主要发生在导线连接处，具体原因如下。

1）电气接头表面污损，接触电阻增加。

2）电气接头长期运行，产生导电不良的氧化膜，未及时清除。

3）电气接头因振动或由于热的作用，使连接处发生松动。

4）铜铝连接处，因有约1.69 V电位差的存在，潮湿时会发生电解作用，使铝腐蚀，造成接触不良。接触不良会形成局部过热，形成潜在引燃源。

（4）烘烤。电热器具（如电炉、电熨斗等）和照明灯泡在正常通电的状态下，就相当于一个火源或高温热源。当其安装不当或长期通电无人监护管理时，就可能使附近的可燃物升温而起火。

（5）摩擦。发电机、电动机等旋转型电气设备，轴承出现润滑不良，产生干磨发热或虽润滑正常，但出现高速旋转时，都会引起火灾。

2. 雷电

雷电是在大气中产生的，雷云是大气电荷的载体。雷云电位可达1万～10万 kV，雷电流可达50 kA，若以0.000 01 s的时间放电，其放电能量约为10^7 J，这个能量约为使人致死或易燃易爆物质点火能量的100万倍，足可使人死亡或引起火灾，如图8—3所示。

图8—3　雷电造成的开关电器破坏

雷电的危害类型除直击雷外，还有感应雷（含静电和电磁感应）、雷电反击、雷电波的侵入、球雷等。这些雷电危害形式的共同特点就是放电时总要伴随机械力、高温和强烈火花的产生，会使建筑物受破坏，输电线或电气设备损坏，油罐爆炸，堆场着火。

3. 静电

静电在一定条件下会对金属物或地放电，产生有足够能量的强烈火花。此火花能使粉尘、可燃蒸气及易燃液体燃烧起火，甚至引起爆炸。

第8章　电气安全

二、防止电气火灾的措施

1. 合理选择、安装、使用和维护电气线路

（1）在火灾、爆炸危险环境中，电力、照明线路的绝缘导线和电缆的额定电压，不应低于供电网路的额定电压，并且不低于 500 V。

（2）在爆炸危险环境中，工作零线和相线的绝缘等级应相等，并应穿在同一管子内。

（3）电缆的型号应符合规程要求。

（4）1 000 V 及以上的导线和电缆的截面，应进行短路电流热稳定校验。

（5）导线的载流量不应小于熔断器熔体额定电流的 1.25 倍和自动开关电磁脱扣器整定电流的 1.25 倍。

（6）电气线路应敷设在危险性较小的环境中。

（7）移动式电气设备，应选用相应形式的无接头的重型或中型橡胶套电缆。

（8）爆炸危险环境中，配线钢管与钢管、钢管与设备及钢管与配件的连接，均应采用螺纹连接，螺纹的旋合应紧密，连接扣数足够。

（9）防爆危险环境的电气接线盒，应采用防爆型及隔爆型。

2. 保证对火灾的安全距离

（1）区域变配电所和大型建设项目的总变配电所与爆炸危险环境的建、构筑物或露天设施的安全距离一般不小于 30 m，否则应加防火墙。

（2）10 kV 及以下的变配电所，不应设置在火灾、爆炸危险环境的正上方或正下方。当变配电所与火灾、爆炸危险环境建、构筑物毗邻时，共用的隔墙应是非燃烧体的实体墙，并应抹灰。

（3）露天不密闭的变配电所，不应设在易沉积可燃性粉尘或纤维的地方。

（4）变配电所的门、窗应通向既无爆炸又无火灾危险的环境。

（5）10 kV 及以下的架空线路，严禁跨越火灾、爆炸危险环境。

（6）低压电气设备应与易燃物件和材料保证规定的安全距离。

3. 排除可燃、易燃物质

（1）改善通风条件，加速空气流通和交换，使爆炸危险环境的爆炸性混合气体浓度降低到不致引起火灾和爆炸的限度之内，并起到降温作用。

（2）对可燃、易燃物质的生产设备、储存容器、管道接头、阀门等应严密封闭，并应及时巡视检查，以防可燃、易燃物质发生跑、冒、滴、漏现象。

4. 保证良好的接地（接零）

（1）在爆炸危险环境中的接地（接零）要比一般环境要求要高。带电的电气设备金属外壳、构架、电气管线均应保证可靠接地（接零）。如图 8—4 所示为设备接地，如图 8—5 所示为移动接地。

（2）在中性点不接地的低压供电系统中，应装设能发出信号的绝缘监视装置。

（3）电气金属管线不允许作为保护地线（保护零线），应设专用的接地（接零）导线。该导线与相线的绝缘等级相同，并同管敷设（见图 8—6）。

（4）接地干线不少于两处与接地装置相连接。

（5）中性点直接接地的低压供电系统中，接地线截面的选择应使单相接地的最小短路电流不小于保护该段线路熔断器熔体额定电流的 5 倍。

图 8—4 设备接地

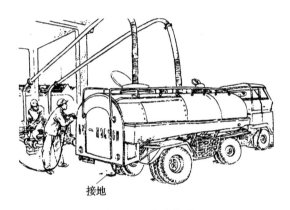

接地

图 8—5 移动接地

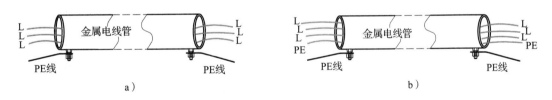

a) b)

图 8—6 保护线的敷设

a) 保护线错误的做法　　b) 保护线正确的做法

5．其他方面的措施

（1）变配电室、酸性蓄电池室、电容器室均为耐火建筑，耐火等级不低于二级，变压器和油开关室耐火等级不低于一级，变配电室门及火灾、爆炸危险环境房间的门均应向外开。

（2）长度大于 7 m 的配电装置，应设两个出入口。

（3）室内外带油的电气设备，应设置适当的储油池或挡油墙。

（4）木质配电箱、盘表面应包铁皮。

（5）火灾、爆炸危险环境的地面，应用耐火材料铺设。火灾、爆炸危险环境的房间，应采取隔热和遮阳措施。

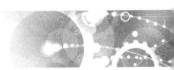

三、电气火灾的扑救

电气火灾灭火装置有二氧化碳灭火器、干粉灭火器、喷雾水枪等，如图8—7所示。

图8—7　电气火灾的扑救

1. 二氧化碳灭火器

二氧化碳灭火剂是一种气体灭火剂，不导电，在常温20℃和60个大气压下液化。灭火剂为液态简装，因二氧化碳极易挥发气化，故装在钢筒内，在常温下可保持一定的压力。当液态二氧化碳喷射时，体积扩大400～700倍，在火灾区直接变为气体，吸热降温并使燃烧物隔绝空气，从而达到灭火目的。当气体二氧化碳占空气浓度30％～35％时，可使燃烧迅速熄灭。

2. 干粉灭火器

干粉灭火剂主要由钾或钠的碳酸盐类加入滑石粉、硅藻土等组成，不导电。干粉灭火剂在火区覆盖燃烧物而受热分解产生二氧化碳和水蒸气，因其有隔热、吸热和阻隔空气的作用，将火灾熄灭。该灭火剂适用于可燃气体、液体、油类、忌水物质（如电石等）及除旋转电动机以外的其他电气设备初期火灾。干粉灭火器有人工投掷和压缩气体喷射两种。

3. 喷雾水枪

喷雾水枪由雾状水滴构成，其漏电流小，比较安全，可用来带电灭火，但扑救人员应穿绝缘靴，戴绝缘手套并将水枪的金属喷嘴接地。接地线可采用截面积为2.5～6 mm²、长20～30 m的编织软导线，接地极采用暂时打入地中的长1 m左右的角钢、钢管或铁棒。接地线和接地体连接应可靠。

4. 其他灭火器材

消防用水、泡沫灭火剂、干砂、直流水枪均属于能导电的灭火器材，不能用于带电灭火，只能扑救一般性火灾，如图8—8所示。

水是一种最常用、最方便、来源最丰富的灭火剂，但水是导电的，不能用于电气灭火，水与高温盐液接触会发生爆炸。与水反应能产生可燃气体，容易引起爆炸的物质着火（如电石）；非水溶性燃性液体的火灾；比水轻的油类物质能浮在水面燃烧并蔓延。对于以上这几种火灾，都不能用水来扑救。

a) b) c)

图 8—8 不适用于电气火灾的灭火器材

a) 水能导电 b) 泡沫灭火剂有化学腐蚀 c) 干砂损坏绝缘和轴承

泡沫灭火剂是利用硫酸铝与碳酸氢钠作用放出二氧化碳的原理制成的，这种化学物质是导电的，不能扑灭电气火灾。切断电源后，可用于扑灭油类和一般固体的火灾。在扑灭油类火灾时，应先射边缘，后射中心，以免火灾蔓延扩大。

干砂的作用是覆盖燃烧物，吸热降温并使燃烧物与空气隔绝。干砂特别适用于扑灭渗入土壤的油类和其他易燃液体的火灾。但禁止用于旋转电动机灭火，以免损坏电动机的绝缘和轴承。

四、电气灭火的安全要求

1. 电气火灾发生时的首要行动

（1）用电单位发生电气火灾时，应立即组织人员和使用正确的方法进行扑救。

（2）立即向公安消防部门报警。

（3）通知供电局用电监察部门，由用电监察人员到现场指导扑救工作。

2. 灭火前的电源处理

电气火灾发生后，为保证人身安全，防止人身触电，应尽可能立即切断电源，其目的是把电气火灾转化成一般火灾扑救。切断电源时，应注意以下几点。

（1）火灾发生后，因烟熏火烤，火场内的电气设备绝缘可能降低或破坏，停电时，应先做好安全技术措施，戴绝缘手套，穿绝缘靴，使用电压等级合格的绝缘工具。

（2）停电时，应按照倒闸操作顺序进行，先停断路器（自动开关），后停隔离开关（或刀开关），严禁带负荷拉合隔离开关（或刀开关），以免造成弧光短路。

（3）切断电源的地点要适当，以免影响灭火工作。

（4）切断带电线路时，切断点应选择在电源侧的支持物附近，以防导线断落后触及人身或造成短路。

（5）切断电源时，不同相线应不在同一位置切断，并分相切断，以免造成短路。

（6）夜间发生电气火灾时，切断电源要解决临时照明，以利扑救。

（7）需要供电局切断电源时，应迅速用电话联系，说明情况。

3. 带电灭火的安全技术要求

带电灭火的关键问题是在带电灭火的同时，防止扑救人员发生触电事故。带电灭火应注意以下几个问题。

（1）应使用允许带电灭火的灭火器。

（2）扑救人员所使用的消防器材与带电部位应保持足够的安全距离，对于 10 kV 电源不小于 0.7 m，对于 35 kV 电源不小于 1 m。

（3）对架空线路等高空设备灭火时，人体与带电体之间的仰角不应大于 45°，并站在线路外侧，以防导线断落造成触电。

（4）高压电气设备及线路发生接地短路时，在室内扑救人员不得进入距离故障点 4 m 以内范围，在室外扑救人员不得进入距离故障点 8 m 以内范围。凡是进入上述范围内的扑救人员，必须穿绝缘靴。接触电气设备外壳及架构时，应戴绝缘手套。

（5）使用喷雾水枪灭火时，应穿绝缘靴，戴绝缘手套。

（6）未穿绝缘靴的扑救人员，要防止因地面水渍导电而触电。